性格是可以改变的

［日］野田俊作 著
薛芳 译

化学工业出版社

·北京·

SEIKAKU WA KAERARERU by Shunsaku Noda
Copyright © 2016 Shunsaku Noda
All rights reserved.
Original Japanese edition published by SOGENSHA, INC., publisher
Simplified Chinese translation copyright © 2022 by Chemical Industry Press
This Simplified Chinese edition published by arrangement with SOGENSHA, INC., publisher, Tokyo, through HonnoKizuna, Inc., Tokyo, and Beijing Kareka Consultation Center

本书中文简体字版由株式会社创元社授权化学工业出版社独家出版发行。
本版本仅限在中国内地（大陆）销售，不得销往其他国家或地区。
未经许可，不得以任何方式复制或抄袭本书的任何部分，违者必究。
北京市版权局著作权合同登记号：01-2022-3557

图书在版编目（CIP）数据

性格是可以改变的 /（日）野田俊作著；薛芳译．—北京：化学工业出版社，2022.9
（阿德勒教育心理学）
ISBN 978-7-122-41734-3

Ⅰ.①性… Ⅱ.①野…②薛… Ⅲ.①性格-通俗读物 Ⅳ.①B848.6-49

中国版本图书馆CIP数据核字（2022）第108962号

责任编辑：龙　婧
责任校对：李雨晴
装帧设计：史利平

出版发行：化学工业出版社
　　　　　（北京市东城区青年湖南街13号　邮政编码100011）
印　　装：北京新华印刷有限公司
880mm×1230mm　1/32　印张5¼　字数119千字
2023年1月北京第1版第1次印刷

购书咨询：010-64518888
售后服务：010-64518899
网　　址：http://www.cip.com.cn
凡购买本书，如有缺损质量问题，本社销售中心负责调换。

定　　价：49.80元　　　　　　　　　　版权所有　违者必究

于平静时丰富内心

本书主要围绕阿德勒心理学的古典理论展开探讨。接下来我将在尽量不"剧透"的情况下简单介绍一下本书的内容，并且聊一聊我个人在翻译过程中的一些浅薄的感受。

全书分为两大章节，对性格和共同体感觉进行了论述。通篇采用对话的形式，涉及什么是性格、如何改变性格、什么是自我实现、家庭内部的规则等话题。心理学理论总给人一种高深莫测的神秘感，但本书却写得特别通俗易懂。对此野田先生在书中也有强调。他说阿德勒心理学关注的焦点不是"真理是什么"而是"怎么做才能幸福"。比起像教科书一样罗列心理学理论，作者更加衷心希望能有更多的读者通过本书了解阿德勒心理学，并能对自己的生活有所启发。当我这个心理学门外汉怀着期待又忐忑的心情第一次翻开这本书，了解到这一创作理念之后，就一下子倍感亲切，仿佛在听老爷爷说家常故事一般。相信读者朋友们也一定很快就会感受到我说的这种亲切易懂。

事实上，这本书确实有很多年头了。本书初稿写于1987年，距今已经三十多年了。书中的一些言论和例子难免有一些过时之处。但更多的是经过了三十多年的沉淀，至今仍能启发我们的观点。希望读者们能在书中收获一些启发。很开心能借着写译者序的机会，跟大家分享我从这本书中收获的感悟。

◆ 于平静时丰富内心

总觉得最近几年，自己很容易猝不及防地陷入莫名的情绪波动。它们可能来自内卷的职场，同龄人接连不断地成家立业而自己仍旧普通的焦虑，还有很多瞬间甚至都讲不出具体的原因，只是日积月累的情绪瞬间崩塌。也常常会有朋友同事来倾诉最近的烦心事，因为很多事情都感同身受，反倒不知道该如何安慰鼓励，只能默默倾听。

记得翻译这本书时有句话大意是说：人其实很傻，会因为别人的责备而受伤失落，会用别人的错误让自己难过。何必呢？这种时候就不应该往心里去，只要一笑而过就好。之所以会记得这几句再平凡不过的话，是因为之前有过被上司的怒火"误伤"的经历。虽然误会解开时对方也道歉了，但是被误解、被责备的时候特别委屈，偷偷到卫生间直抹眼泪。翻译到这一句的时候回想起当时的经历，觉得这种话虽然很在理但真的是站着说话不腰疼，于是就这么记住了。

神奇的是，后来当我再遇到类似情况觉得委屈、失落的时候，脑子里就会想起这段话。虽然目前还无法做到"一笑而过、不往心里去"，但每当想到这句话时，就会努力让自己尽快走出失落，而不是不停地钻牛角尖在负面情绪中越陷越深。

类似的道理书中还有很多。不过它们都需要我们在自己情绪平静的时候"提前储备"在自己的脑海里，遇到情绪波动的时候想起来，就能或多或少地起到一些帮助。如果你正在情绪的兴头上，有人用同样的话劝你，这时的你怕是根本听不进去，只觉得对方真是站着说话不腰疼吧。试想如果朋友伤心地跟你倾诉交往数年的伴侣出轨了，而你这时候劝他"不要用别人的错误让自己难过,一笑而过、别往心里去",那你们怕是会绝交吧。

能抚平自己内心情绪的人其实最终都只有自己。但我们都不是心理学家,也不是谁都能随时随地去做心理咨询寻求专家的帮助,从而更快地愈合内心。所以,在情绪平静的时候读一些心理学理论丰富内心,说不定什么时候它们就会在我们失落的时候给我们一些指点。

◆ 亲子关系不只是父母的事

以亲子关系为首的家庭关系也是本书的重要话题之一。一说到"经营亲子关系",我最先想到的就是年轻的父母们。和我放养式的童年相比,新时代的父母对亲子关系的重视显然不是一个级别。但我要说的是:亲子关系当然不只是父母的事,"大龄子女"同样应该思考如何处理自己与父母的亲子关系。

我和父母的关系应该是典型的"中国式亲子关系"吧。父母对我永远都是在行动上无条件付出,在语言上却很贫瘠。平时也不怎么会聊天,为数不多的聊天也大多是以"在干吗?今天吃了什么?"为开头。性格不算开朗的我也总是不好意思直白地跟父母表达我到底有多爱他们,有多感谢他们。往往都是鼓了半天勇气,话都到了嘴边,却还是说不出口。虽然很想更多地走进父母的生活,让他们更多地参与进我的生活,但既不知道该从何开始,又真的很不好意思直白地向他们表达自己。

记得一位朋友跟我分享了他自己的经历。他是家里的长子,有两个弟弟，长期在外生活。家庭氛围跟我差不多，平常也不太好意思跟父母表达感谢和爱意。一次他时隔多年回家，又再次离家的时候，终于鼓起勇气拥抱了母亲。他说："当时我家的其他三个男人都笑我矫情，但我真的特别特别开心，我妈也是。"我特别佩服他，也希望自己能像他一样勇敢一次。

本书在讲亲子关系与孩子性格时提到这样一句话，让我很受用。"过去不能束缚现在。过去已经不再重要，重要的是现在会做什么决定。"我总觉得父母和我都是容易害羞的人，无法轻易向对方袒露心声。但"过去不能束缚现在"，让我明白了我的这种想法不过是自己找的借口罢了，我以此为契机开始渐渐有意识地增加和父母的交流。

虽然随着求学、工作的发展再加上眼下的疫情，我变成了"大龄子女"，父母也成了"远程网友"。但希望下一次和父母见面的时候，我能大方地给他们一个拥抱，说一声"我想你们了"。

以上是我从本书中收获，且对我的生活产生实际影响的一些观点。翻开这本书就像去阿德勒心理学的海边散步。海边有很多美丽的贝壳，哪怕只捡一个回来都能获益匪浅。

薛芳

前·言

我1982年到芝加哥留学，师从Bernard H.Shulman❶、Harold H.Mosak❷等一流阿德勒心理学学者。之后也经常参加国外各大阿德勒心理学研讨会，与海外学者们进行学术交流，以确保将对阿德勒心理学的正确解读引进日本国内。此外，我还致力于举办讲座、培养心理治疗师、撰写论文及阿德勒心理学指南，但却没写过面向普通大众的书。这是因为我觉得阿德勒心理学就像"拜师学艺"，只有在老师的实际指导下才能学会。也就是说，光看书是学不来的。

话是这么说，但我还是写过几本面向普通大众的书。本书就是其中之一。本书初稿写于1987年❸，有幸成为畅销书，且流传了下来。后来由于出版

---

❶ Bernard H.Shulman（1922～）：芝加哥阿尔弗雷德·阿德勒研究所创建人之一。在鲁道夫·德雷克斯门下学习阿德勒心理学，开发了阿德勒心理学精神分裂治疗法。著有《Essays In Schizophrenia》（岩崎学术出版社翻译出版）、《Manual for Life Style Assessment》（一光社翻译出版）。

❷ Harold H.Mosak（1921～）：芝加哥阿尔弗雷德·阿德勒研究所创建人之一。师从鲁道夫·德雷克斯，与Shulman一道致力于阿德勒心理学研究、治疗、指导。著有《A Primer of Adlerian Psychology: The Analytic-behavioral-cognitive Psychology of Alfred Adler》《Manual for Life Style Assessment》（均由一光社翻译出版）。

❸ 本书首次出现于《Alternative Way》，1991年将其改名为《阿德勒心理学 talking seminar》（两书均由 ANIMA2001 出版社出版发行）。

社的原因绝版，即便如此仍没有被读者们忘记，据说本书在旧书店可是价格不菲呢。

所幸这次创元社将本书再次出版。再版时，我采取了基本不改动全书骨干，个别之处根据需要加入脚注和补充的方针。至今读来我仍觉得本书并没有脱离阿德勒心理学正轨。为了使全书更加易懂，我和创元社编辑部商量后，决定大幅修改原书中的表述方式和用词，并将原书分为两册出版发行。《性格是可以改变的》主要围绕阿德勒心理学的古典理论展开探讨。但本书并不是一本严肃的教科书，为了能让读者轻松阅读，全书都采用了对话的形式。我衷心希望能有越来越多的读者通过本书接触到正确的阿德勒心理学。

野田俊作

目·录

第一章 性格是可以改变的

Q1：人能改变自己吗？ ……………………… 3
 一、人们其实不愿意改变自己的性格 …………… 7
 二、自己下定决心的话性格是可以改变的 ……… 13
 三、改变性格的关键是"勇气" ………………… 16

Q2：改变性格的方法有哪些？ ………………… 23
 一、在不了解自身性格的情况下也能改变
   性格吗？ ……………………………………… 26
 二、没有必要了解自己的性格吗？ ……………… 30
 三、"察觉"对于改变性格来说是必要的吗？ … 33

Q3：性格到底是什么呢？ ……………………… 36
 一、信念决定人们接受事物的方式 ……………… 38
 二、自身·自我与性格是什么关系？ …………… 40
 三、弗洛伊德和"自我"一词 …………………… 44

Q4：性格这本"字典"是如何编纂成形的？ … 45
 一、零岁到两三岁期间的性格尚不明朗 ………… 48
 二、三岁之后的性格形成机制 …………………… 50
 三、孩子的性格是他们自己选择的 ……………… 55

Q5：如何诊断性格？ …………………………………… 57
　一、如果给性格分类的话会怎么样？ …………………… 61
　二、性格是由哪些要素组成的？ ………………………… 66

Q6：什么是无意识？ …………………………………… 70
　一、内心完全不存在对立 ………………………………… 72
　二、无意识基本都是可信的 ……………………………… 75
　三、当患有精神疾病时无意识会怎么样？ ……………… 77

Q7：什么是自我实现？ ………………………………… 81
　一、什么是自我实现？ …………………………………… 84
　二、设立目标与治疗的关系 ……………………………… 87

第二章 培养共同体感觉

Q8：个人和集体是什么关系？ ………………………… 93
　一、为什么需要规则？ …………………………………… 97
　二、为什么规则总是不被人们遵守？ …………………… 99

Q9：阿德勒心理学在学校的内部规则 ………………… 102

Q10：家庭中有什么内在规则吗？ …………………… 106
　如何处理亲子间的规则？ ………………………………… 116

Q11：什么是无意识规则？ …………………………… 119

一、如何调查无意识规则？ …………………… 122
　　二、集体规则对个人有什么影响？ …………… 123

Q12：什么是共同体感觉？ ………………………… 126
　　一、什么是信赖他人？ ………………………… 133
　　二、不良少年的行为也是正确的吗？ ………… 138

Q13：什么是共同体？ ……………………………… 146
　　如何构建理想的共同体？ ……………………… 149

寄语：与野田先生的相识 …………………………… 155

第一章

性格是可以改变的

Q1：人能改变自己吗？

◎野田先生您是做什么工作的？

我是做什么工作的呢？最近连我自己都有点不知道了。虽说我是一名心理医生，但实际上已经好久没有像普通医生一样问诊、开药了，就连白大褂都好久没穿了呢。

◎可您不是还做着临床工作吗？

我的一个工作是针对问题少年（拒绝上学、犯罪或有犯罪倾向的少年）及其家长给出心理疗法。此外，我还会制定问题少年再教育的系列方案，如为儿童开设的社会性训练系列、为家长开设的家庭育儿系列等，这是我的第二个工作。每个系列都有不同的课程、有指挥者，大家时而一起讨论、一起角色扮演，边体验边学习，很有趣的。一上来就宣传，真不好意思……我的第三个工作是培养心理咨询师。至今应该有两千多人从我的初级讲座班毕业了吧。总之，与其说我是一名医生，不如说我是一位讲师。

◎您研究过阿德勒心理学对吧？

是的，不过我并不喜欢被称为阿德勒❶派——尽管我很喜欢阿德勒的思考方式，但我就是我自己，并非阿德勒的推销员……不过我还是会在告示板上写"阿德勒心理学"，不然大家怕是都不能放心参与吧。有的人想到"那家伙就是阿德勒"时会抱有好感，而有的人则会反感，不论如何他们都会在心理上得到安定。不过我并不是什么阿德勒派，并不属于任何一派，我就是我……阿德勒并非我的导师，只不过是众多朋友中的一位罢了。在我们的对话中我也会引用他的原话或是聊到阿德勒心理学，但我希望大家能够明白这并不是因为我是阿德勒派，而是因为我个人很喜欢他的思考方式。

◎原来如此，您并非仅拘泥于阿德勒对吧。对了，听说您组织了集体疗法合宿？

是的，差点给忘了，这也是我的第四个工作——"ASMI❷"，这是一个为期三天两夜的合宿研讨会，我会看心情不定期举办，挺有意思的，大家有机会可以试试看。

---

❶ 阿德勒（Alfred Adler 1870—1937）犹太心理医生，生于奥地利。曾与弗洛伊德共同研究，后来与弗洛伊德诀别，开创了阿德勒心理学（又被称为个体心理学）。著有 Alder Selection，包括《What Life Should Mean to You》《Problems of Neurosis》《The Science of Living》（均由 ARTE 出版社翻译出版）

❷ ASMI目前停办，如果您想了解合宿研讨会的相关信息，请访问结语中记载的阿德勒协会官方主页。

◆ 性格其实很容易改变

◎您开发了各种心理学小组/研讨会，为烦恼中的人们排忧解难，请问心理咨询或者心理治疗的终极目标是什么呢？

阿德勒的学生瓦尔特·伯兰·沃尔夫写过一本名为《How to Be Happy Though Human》《怎样才能幸福》的书。而我也是想通过心理学小组以及精神疗法去发现我们这些不完美的、充满着缺点的人类能不能探索出比现在稍微好一点的生活方式。

◎这么说来，本书的主旨就是"怎样才能幸福呢"，对吧？

被你这么直截了当地一说，还真有点不好意思了，"幸福"这个词真是让人直冒冷汗呢！

◎确实有点，特别是您还出生于"团块世代"（昭和23年生）。抛开措辞不谈，就我自身经历来看，想要变得幸福就得改变性格。

你性格这么差吗？

◎也没有那么差啦。性格真的可以改变吗？我觉得性格几乎是很难改变的。

我也有这种感觉，性格一旦形成，确实是不会怎么变。但我认为性格其实很容易改变，只是人们一直都不懈努力地在保持自己的性格不变，所以性格才不会改变。

◎这样啊。

对,如果放任不管,性格是会变的。那样的话会带来很多不便之处,所以人们都在下意识地努力保持性格不变。

◎可是有人觉得自己性格不好,想要改变性格啊?

即便人们有这个意识,但下意识里还是认为性格是改变不了的。很多找我来咨询的人都说"不喜欢自己的性格,想换个性格"。但越是这么说的人,在经过几次心理疗法之后都会说"算了,与其换一个截然不同的性格,我还是愿意维持现状",到头来还是没改变性格。

◎您的意思是说越想"改变性格"的人反而越难改变吗?

不,我是说人们一般不想改变自己的性格。不是"改变不了"而是"不想改变"。我最喜欢的印度圣僧巴关·希瑞·罗杰尼希❶曾说"人们每天早晨起床都能决定这是幸福的一天还是不幸的一天,但绝大多数人选择了不幸的一天"❷。我们的不幸以及造成我们不幸的性格,都是我们自己选的。

---

❶ 巴关·希瑞·罗杰尼希(Bhagwan Shree Rajneesh 1931—1990)印度圣僧。著有《存在之诗》《般若心经》《终极之旅》《My Way》《金刚经》(均由 Merkmal 等多家出版社出版)。

❷ "人们每天早晨起床……不,不仅是早晨,而是每个瞬间都能决定自己是幸福的还是悲惨的……可是人们都会不约而同地选择不幸。为什么呢?因为人们都选择投资于此"。(《My Way》Merkmal 出版社出版)

一、人们其实不愿意改变自己的性格

◎居然特意选择不幸，这也太傻了吧。为什么不选择幸福呢？

换言之就是人们为什么不愿意改变性格呢？这是因为如果真想改变性格的话随时都能改变，但不是简简单单就能改变的。改变性格需要"缴税"，而我们不愿意缴这笔税。人们都想"只去掉目前性格的缺点，保留所有优点，而且不想为新性格冒一点风险"，天下哪有这么美的事。

改变性格意味着冒险。一直保持现状的话，人们可以预测到接下来会发生什么，但选择全新的生活方式则意味着完全不知道接下来会发生什么——可能大赚一笔，也可能赔个精光。人类是不会轻易下这么大的赌注的。

◎保守的人类。

对，或者说是胆小。用文具店来举例：一家从父辈传下来的文具店，虽然没有赚得盆满钵满，但生意也还过得去。店主天天念叨着"啊，我再也不想做这个生意了，一定有更好的生活方式"。于是你信以为真，劝他说"转行干餐饮吧，这可比文具店赚钱多了"。店主可能会一时心动，可最后还是会这么想吧——"文具店的生意是没什么意思，但我从小就做这行，对文具店非常了解。虽然不会取得巨大的成功，但肯定不会失败得很惨。现在转行的话，可能会大赚一笔，但我对餐饮一无所知，这个年纪去做自己完全不了解的工作，很容易失败。

想想都觉得不安,还是算了吧"。

◎到底怎样才能在改变性格的同时又不用付出很大的牺牲呢?

你先不要急,让我们再继续聊一聊这些悲观的话题,这样才更有对比性。

◆ 人们总是"固执己见"

性格难以改变不单是因为人类保守而胆小,还有很多其他原因。

阿德勒心理学中有个术语叫"感知偏差",该词是指人类会对外界事物下定义以使其与自身性格相符。性格是每个个体的固有信念体系,可以说是一个"固执己见"的系统。当我们接触外界事物时,固有思维就像一副有色眼镜一样,驱使我们得出符合自身信念体系的解读。

◎有的人确实特别"固执己见"。

其实我们人类都是特别固执己见的。比如说:对面走来一位女士,她看到我之后就突然回避了视线。我可能会觉得"她讨厌我,不屑与我对视",也可能会认为"她喜欢我,不好意思跟我对视",又或许觉得"可能她只是扭头去看对面的朋友"。对同一事物的不同解读会带来截然不同的行动。不管这位女士本来是怎么想的,我们总是基于自身臆想而行动。

如上所述,人类并非基于客观事实而行动,而是基于对客观事物的主观判断而行动,也就是说主观判断决定了我们的一切行动。在接触到客观事物到对其做出判断的这一过程中,性格的影响是无处不在的。

◎也就是说人类总是逃不过主观判断的"固执己见"?

阿德勒也有同样的主张❶。假设某人觉得"所有人都讨厌我,你看,那个人就是因为讨厌我所以回避了我的视线"。这时候就算你跟他说"说不定对方是喜欢你又有点害羞才回避你的视线的",他也肯定会说"绝对不可能"。这就是感知偏差。要是有人一直盯着他看,他一定会觉得"这人肯定讨厌我,所以一直用轻蔑的目光盯着我看"。在感知偏差的作用下,人们只会接受和自己性格相符的、没有矛盾的数据。

◎也就是说人们只接受那些自己乐意接受的事物,反之则会视而不见。

对。有了这些源源不断的有利数据的支持,性格会一直很稳定。就像童话里被只会说好话、拍马屁的大臣们包围的国王一样。即便有与信念相反的事情出现,也会被无视或曲解。这样一来,性格就更加难以改变了。

◆ "固执己见"是会成为现实的

再加上性格会在与环境的相互作用中构建出一个十分稳定的系统,

---

❶ 人类总是生活在"判断"之中。我们无法体验百分百纯粹的环境,在体验环境之前我们总是会先判断该环境对我们的重要性……所有人都摆脱不了"判断"。我们都是通过自身对环境的判断来体验环境的。也就是说,我们体验的并非现实本身,而是被解读过后的现实。Adeler,A.: What Life Should Mean to You. Putnam, New York, 1958(original 1931). 阿德勒 A《关于人生意义的心理学》(高尾利数译、春秋社出版)

这使得性格更加难以被改变。假设有人觉得所有人都讨厌他。这时候如果有人喜欢他，他会觉得很不可思议，怀疑"这不可能，太可疑了，一定有什么阴谋，说不定是诈骗呢"。接下来就会开始试探"你明明不喜欢我，却装出一副喜欢我的样子，到底打了什么算盘？"。对方被这样怀疑久了，最终也会离他而去吧。可这人反倒会安心而不是失望，因为他证实了"所有人都讨厌我"这一想法，觉得"幸免于受骗真是太好了，才不会有人真的喜欢我呢"。

◎他会觉得"我果然还是正确的"。

人习惯于区分规则和例外，我觉得性格和这一行为很相像。性格就是"我觉得世界的规则是这样的"的一种主观臆断。性格会判断当下发生的事情是否符合规律，然后将其进行区分。性格会把不符合常规的例外事件摘出来，为了将这些例外事件与规则统一起来，性格便会在潜意识里告诉人们："你看，这事儿还是挺可疑，你可能会觉得这是个例外事件吧，可万事万物不还是应该按照规律运行吗？"人们便会遵循性格的劝诱而行动，最终身边的环境也会随之而变。

◎也就是说人会根据不同的性格而采取不同的行动对吧？

性格会改变环境。用阿德勒的话来说就是"环境造就人类，人类改变环境"❶。当然，性格的形成也会受环境因素影响，但当人们已经具备某种性格时，就会改变周围环境使其与自身性格（或者说是信

---

❶ Adeler, A.: Superiority and Social Internet, A Collection of Later Writings. Northwestern University Press, Evanston, 1964

念）相适应。如果你觉得"全世界都与我为敌",那身边的人也都会渐渐变成对手,而觉得"所有人都是我的伙伴"的人总会被好人环绕。于是,人们就会更加坚信各自的信念。在与环境的相互作用中,性格会越来越稳定。

◎人们的所想最终会变成现实。

对,下意识的想法。所以说性格是很难改变的。

◆ 投入越多就越难改变方向

越是上了年纪性格就越难改变,因为迄今为止已经为现有性格投资了太多,想要转变方向谈何容易。

◎原来您说的投资越多就越难改变不是理财经验,而是性格经验啊。

人是很有意思的,你比方说赌马输了,明明输了及时收手就好,可人们有时候就会觉得再赌一盘,下回一定赢……迄今为止投入的越多,就越难改变方向。越是上了年纪性格就越顽固也是一样的道理。即便还年轻而且也自知现在的性格不是很好,可就是改不了,也是出于同样的原因——明明知道性格不好的话改了就好了,可下意识里又会觉得"再等等、再赌一把就一定会赢"。

◎您说的"性格不好",具体来说是怎么个不好法呢?

比如有个孩子很不听话,怎么训都不管用,家长很头疼。于是我就对家长说"既然怎么训都不管用,那就不要训他,换个方法。"可家长们虽然明白训孩子是不管用的,却还是停不下来。为什么呢?一是因为家长们担心要是不训的话,孩子会越来越放肆;二是因为家长们侥幸地觉得再多训一点的话,也许孩子终究会明白其中的道理。

◎就像赌博一样,越输得厉害,就越觉得下次一定能翻盘……

都已经训了一年又一年,可孩子还是不改,家长明白这个方法不行,可就是改不了。再比如说在迷宫中迷路,直到碰壁。这时明明应该原路折返,可人们常常会一直推墙壁,侥幸地觉得再用力一点也许就会墙倒路开,出现一片新天地,这是不可能的。既然迄今为止的老办法行不通,就该换个法子,可人们就是难以改变,总觉得也许再坚持一下就好了。

◎好像实验室里的小白鼠。

总结来说,人类难以改善自身性格的原因有以下几点:第一,人类是保守的;第二,人们总是固执己见;第三,在人与自然的相互作用中性格会越来越稳固;第四,人类在自身性格上投入很多。细想的话还能罗列出更多理由。总之,要说难改变的话,性格改变起来确实很难。不过,这里想请大家注意"人们决定不改变性格"这一点。所以只要我们改变决断,性格还是能轻松改变的。

二、自己下定决心的话性格是可以改变的

◎只要自己下决心改变,性格是可以改变的对吧?

你说得有一定道理,但不全对。准确来说改变性格需要下定的决心不是"我要改变性格"。因为"改变"这一行为本身也是在现有性格下做出的行为。

◎我有点不明白了。

"改变性格"这一行为本身是基于现有性格做出的决断。就好比一个人试图扯着自己的头发飞上天,这是行不通的。人们真正需要做出的决断是"停止维持现有性格",或者说"停止为防止性格变化而做的努力""舍弃迄今为止的行为模式"。即便你觉得再正确,都要下决心将已有常识暂且放在一边,虚心坦荡地对待周围的事物,这样才能改变性格。

◎并非下决心"改变",而是下决心"停止为防止性格变化而做的努力"。

对,不过人们很难下定这一决心,因为会感到害怕。按照固有模式行动的话可以预想到接下来会发生什么,一旦改变就会觉得不安。所谓性格,就是每个人的人生法则。

法则的第一大作用就是可以预测,人们可以预测到接下来会发生

什么,不论好坏。性格的重要作用之一就在于可以预测未来。我说的这种预测并非超能力,而是我可以预测到如果我突然打你,你会作何反应,这和象棋、围棋中所说的棋路很像。按棋路下子就能预测到接下来的几步会怎么走,不按棋路下子,预测能力就会大幅下降。假设有人按自己的棋路下子,可最后还是输了,那他今后会选择舍弃自己的棋路,从零开始吗?答案是否定的,因为舍弃已有棋路选择全新下法的话,不知道接下来会发生什么。继续沿用已有棋路的话虽然可能会输,但也有可能会赢。因此,即便效率不高,人们还是会选择可预测的模式。

◎比起决胜反转本垒打,人们还是会选择可预测的送进垒触击。

对。比如每当孩子回家晚了,家长就会训斥说"你又上哪儿野去了,肯定又给我惹祸了"。如果你建议这位家长下次试着跟孩子说"你回来啦,外边很冷吧,快来喝杯热茶",他会感到很不安,因为家长不知道这样说的话孩子下次会怎么做,担心他变得更坏。现有方法虽然不好,但至少不会变得更坏。

◎已经习惯了的方法会让人比较安心……

常用方法能预测到孩子会做何反应,比如家长训斥孩子,孩子会丢下一句"你好烦"起身离开。可家长不知道如果自己说"快来喝杯热茶"的话,孩子会做何反应。如果没有承受诸如此类不安、不确定性的勇气,是不能轻易改变性格的。

◎可这种不安也是很自然的。

所以我们从业人员就要想办法帮咨询者克服这些不安。阿德勒心理学会采用"鼓励法"（encouragement）。日语常译为"鼓起勇气"，我个人觉得这个翻译不是很准确。我总觉得"勇气"会给人一种有点野蛮的感觉。阿德勒是用德语写作的，我们这里提到的"courage"，在德语中写为"mut"，相当于日语中的"气"。

◎原来西方也有"气"这种词啊。

对"力气""元气""勇气"的"气"，德语都统称为"mut"。所以可以将阿德勒说的勇气理解为活力、生命力之类的，甚至可以说是一种积极向前的态度。总之，只要有了"气"，就能改变性格。

三、改变性格的关键是"勇气"

◎也就是说只要坚定信念努力克服,就可以改变性格对吗?

算是吧。虽然这么一说就有点精神主义色彩,我个人不太喜欢。不好意思,我这人有时候在用词上会比较挑剔。总之,考虑到以上种种因素,我们姑且用"勇气""鼓励"之类的词吧。

◎所以,换句话说就是"改变性格的关键是勇气"。

打败不安的勇气、接受不确定因素的勇气。阿德勒心理学的心理咨询和心理疗法的核心就是鼓励。

◎不论是针对个人的治疗还是针对集体的治疗吗?

对,不论是个人还是集体,任何挫败勇气的不利因素都需要被消解。要设法让患者保持勇气满满、积极向前的状态。

◎具体要怎么做呢?

这正是本书的主旨,怎么能这么轻易就告诉你呢?让我们结合下图做一个简要说明。小球代表一个个体,左边的峡谷代表某种性格,小球滚落在峡谷的最低谷。谷底虽然很安稳,但这个峡谷海拔高、缺氧,待着不是很舒服。换言之就是这种性格并非很好。但峡谷左右两边都是峭壁,登上去十分艰难,所以他一直生活在谷底。心理疗法的目标是设法让这个人到右侧更为舒适的山谷去。这时候我们应该怎么办呢？

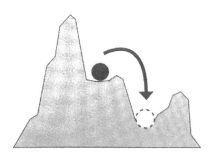

◎必须得让他翻越中途的山口才行啊。

对。但翻越山口很难，所以要有计划地分步实施。

首先要让他讨厌现在的谷底。具体来说，先要问对方："你觉得一直这样下去的话，会是什么结果呢？"假设对方是一位天天指责丈夫的太太，就问她："您觉得每天这样指责丈夫的话，他是会更喜欢您呢还是更讨厌您呢？"回答大多是："他现在已经很讨厌我了。"

◎简直是充满恶意的问题，根本看不出一点鼓励的意思。

所以才说用鼓励一词不太好嘛。鼓励并非逢迎别人讨人欢心。这里所说的鼓励是给人们正视事实的勇气。

◆ 结局预测与替代方案

如果人们对维持现有性格会产生的结果不满，就会想要改变性格。

然后我就会抓住这个时机，逐渐向他们展示改变性格之后会怎么样。我们把这种手法称为"结局预测"。

不过这种时候只跟他们说"停止现有行为"是不管用的，要明确建议人们"不要像以前那样做，而是应该这样做"，不然是不会激发起他们改变性格的勇气的。如果你对刚才那位太太说"别再指责丈夫了"，那她一定会反驳说："那我应该怎么办，难道就什么都不说，任由他想干什么就干什么吗？！"这时候我们就可以为她提出一个"替代方案"，比如"您不要指责丈夫了，不妨试试巧妙地惯着他"。可大多数人并不知道该怎么"巧妙地惯着"，这时候我们就会对他们加以训练。

举个例子，如果这位太太之前都指责丈夫"自从结婚以来，你都没带我看过电影或者吃过饭"，那么你就可以建议她换个说法："老公，你能不能带我去看看电影或者吃个饭呢？"然后让太太对着我练习，之后回家在丈夫身上实践。

◎要提出一个具体的方案然后反复练习对吧？

对。不给出具体建议的话就无法实现。而且有人会按照给出的替代方案做，也有人会很抗拒，觉得"这怎么可能顺利"。用刚才的图来打比方的话，之所以抗拒是因为两个山谷之间的坡实在是太陡峭了。

◎这就是人们常说的道理我都懂，就是做不到吗？

可能吧，不过也有可能恰恰相反，也许大脑里对此根本就不认同。通常这种情况下，咨询者的脑海中都会浮现出一千零一个抗拒的理由，觉得"这怎么可能会顺利呢,因为……"

◎ **性格在抗拒变化。**

嗯,如果用拟人化的比喻来说的话,不过我不太喜欢这种说法……性格不过是个体中的一部分,部分是没办法抗拒整体的。个体之中并不存在性格这个小人儿……

总之,即便提出替代方案,可还是有人会表现出抗拒的话该怎么办,这正是考验心理咨询师专业素质的时候。这种情况下课本上通常会写"要寻找新的可行替代方案、有阶段地分布执行"。这种方法通常也会成功,可是很无聊。

◎ **无聊?**

我觉得很无聊。我想采用更巧妙的办法,比如冥想。

◆ 停止现有思维的心理疗法

◎ **您突然就提到了冥想。**

并不局限于冥想,除此之外还有很多特别的手法。冥想也好其他也罢,只要是能停止现有思维的方法就行。

这里暂且以冥想为例。有种冥想技能可以让人无法思考。抗拒本身也是一种思考,越思考就越不安。因为思考可能会反对新的行为模式,会想出各种理由反对,觉得"即便听了这个心理医生的话也不会有改善，反而会比现在还遭"。越思考越不安，无法付诸实践。只要还在思考，就无法从现有行为模式中解脱出来，无法改变性格。所以要先暂停思考，这样就会在不知不觉中实行替代方案。一旦开始实施，就相当于已经成功了，当咨询者回过神来的时候发现自己的性格已经发生了变化。

人一旦尝到新生活的幸福滋味，就不会想再回到过去。我觉得改变性格的关键在于"要相信体验而不是想法"。

◎与其反复思考，不如先付诸行动？

对，与其思考，不如先将新的行为模式付诸实践。在这一过程中思考会起阻碍作用，会挫伤人们试图改变的勇气，这个时候就需要停止现有思考模式的特殊手法。换句话说，性格本身其实也是一种想法，只要改变现有想法，性格也自然会随之而变。

◆ 反向接近

◎除了冥想之外，还有什么其他方法吗？

那就再举一个"矛盾指示"的例子吧。

有位太太说"我丈夫很凶，根本不听你的话，动不动就动粗"。这样说可能会遭投诉，但其实有时候家暴有很多原因。

如果妻子满脑子受害者意识，觉得"全是丈夫的错，我真是太可怜了"。一旦被这一观念束缚，就完全看不到自己身上的问题。这时候就算你跟她说"其实您的处理方式也有不足之处",她也听不进去,只会觉得"你根本什么都不懂"。

这种情况下我会用"反向指示"的方法去推翻对方"我绝对没错"的信念。先问她"丈夫晚回家时您会有什么反应"。对方可能会说"会生气地指责他一通然后扭头入睡"。这反应也是很强硬。"这样做了之后您丈夫回家时间变早了吗?"对方的回答自然是"没有"……接下来我就会用"反向指示"的策略,建议说:"看来是程度不够,可又不能用擀面杖捶他。下次他要是再晚回来的话您就大声地拍桌子、骂他个落花流水。他要是也因此发怒的话,您大可扔东西砸他。"

◎ 好过分的建议。

确实。下次面谈的时候我问:"怎么样,上次有效果吗",那位太太说:"反而变本加厉了。"于是我便说:"不然改变一下思路,试着对他温柔些?"

这种"反向指示"策略由杰·海利❶提出,不仅在阿德勒心理学里,在其他领域也很常见。

◎ 原来如此。

说白了反向接近的策略就是极端放大咨询者的错误行为并让其执行,以证明该行为是错误的。错误理念根深蒂固难以移除时会用这一策略。

---

❶ [美] 杰·海利(Jay Haley),家族疗法师。他原本是从事与沟通相关研究的,后来在研究精神分裂症家族间的沟通中开发出了家族治疗法。他的疗法以"反向建议"而闻名。著有《Strategies of Psychotherapy》《Problem Solving Therapy》等。

需要声明的是我并不认为反向接近法最好，更不是非用这种方法不可，大家可以具体情况具体分析。重要的是要想办法让患者切身体会到目前的信念体系是不成立的。

◎您说得极是。改变性格是需要下功夫的对吧？

当然了。有人曾问阿德勒："人到多少岁为止可以改变性格？"阿德勒回答说："在临死的前两天为止都能改。"❶ 我是不赞成"临死两天前"这一说法的，阿德勒也许只用两天就够了，可我需要一星期。

---

❶ 有人问阿德勒"人到多少岁为止可以改变性格"，他回答说"到临死前两天为止都能改"。Manaster, G. et al.ed.:Alfred Adler; as We Remember Him. North American Society of Adlerian Psychology,Chicago,1977.

Q2：改变性格的方法有哪些？

◎对了，人可以通过自我分析来改变性格吗？

不能。自我分析不能改变性格，这是阿德勒心理学的正统见解，而且我也是这么认为的。

◎可是很多心理学流派都很推崇自我分析……

阿德勒心理学者是不推荐自我分析的，甚至会禁止初学者自我分析。

◎这又是为什么呢？

所谓的自我分析其实并不能帮助我们了解自己。不只是初学者，谁都不能只凭自身一己之力真正地了解自己。

自我分析这一原理根本就是不成立的。初学者往往会在不知道这一前提的情况下盲目进行自我分析。我们之所以禁止初学者自我分析，只是不想让他们做无用功浪费时间罢了。而经验丰富的人，即便不禁止，他们也不会去盲目自我分析的。

◎您的这一观点实在是出乎我的意料。为什么自我分析是不成立的呢？

我在前面有提到过感知偏差对吧，人们都戴着一副有色眼镜。自我分析就像是戴着一副有色眼镜去看另一副有色眼镜，观察到的结果必然是不明所以的。

◎原来如此。那应该怎么做呢？

人们要是真想了解自己的话，就应该去问和自己戴着不一样有色眼镜的别人："我到底是什么样的？"荷兰精神病学家贾恩·亨德里克·凡·登·伯格（Jan Hendrik van den Berg）曾说"所谓无意识就是周围的人都知道，只有本人并未察觉"❶，对此我也十分赞同。

包括我本人也是，遇到难题的时候不会独自钻牛角尖，而是会选择跟朋友说"最近有这么一件事让我很烦恼"，对方会说"这不是你一直以来的生活风格（life style）吗"，我只能点头称是。对了，阿德勒心理学中把性格称为生活风格。

◎这样啊，自我分析完全不可取吗？

就算理性地分析了自己的性格，也不能改变什么。理性分析自

---

❶ "他人可以察觉到患者难以自知的事情……患者无意识的行为他人都是能感知到的。如果想了解一个患者的无意识行为的话，就去问问别人对他的评价。这里的别人当然也包括精神病学家"——Jan Hendrik van den Berg、早坂泰次郎著《走进现象学——浅议"看"》（川岛书店）

己，然后认定"我的性格就是这样"的做法想必也是不正确的。所以想要了解自身性格或是想了解当下直面的问题与性格有什么关系的话，还是得请他人分析。

一、在不了解自身性格的情况下也能改变性格吗？

◎既然自我分析不可行，是不是意味着要想改变自身性格的话就只能接受心理治疗？

并非只有接受心理治疗这一条路。我是说自我分析不成立，但并没说自我变革也不可能啊。

自我分析是自己分析自己的性格，这是不可能的。所以如果你试图自我分析的话，那还是接受心理疗法比较好。

但其实不分析性格也照样可以改变性格。也就是说了解性格并不是改变性格的必要条件，想要改变性格的话只要停止思考就好。只要能做到这点，性格就能改变。

◎诶？！反而要停止思考？

对，其实换个角度看的话，性格就是一种"思考方式"。所以只要你还在思考，就相当于还阔步在泥潭里。就像小狗追着自己的尾巴不停地原地打转一样。想改变性格还是需要以毒攻毒的。

◎可我们总是会因为考虑不周而做很多蠢事，停止思考真的没关系吗？

思考的目的是什么呢？我们来看这样一个例子。这是发生在小组会议中的一个例子。我让大家"和自己最喜欢的人搭档"。事后一位中年女性对我说："刚刚您让我们和自己最喜欢的人搭档，我非常不喜欢。我想和所有人都保持良好的关系，不想来做心理咨询还要按喜好去选择某个特定的人。"

于是我便问："难道您害怕选择某个特定的人？"那位女士思考后回答道："对，您说得对！原来害怕的人是我。我现在才终于意识到，我总是在担心会不会被喜欢的人拒绝。而且……"

◎ 这时候对方才终于意识到了。

于是我接着问："既然你已经意识到自己害怕的是什么了，那您知道该怎么做吗？"，她回答说"不知道"。我告诉她："如果你意识到自己对做某事有抗拒感的时候，解决方法只有一个，就是做这件事。最不可取的就是分析自己为什么会感到抗拒。"女士回答说："知道了，不过我想了一下觉得这和我的成长经历有关……"

我打断了她的话，说："拜托你停止思考，只要实践就好。"并问她知不知道思考的目的是什么。她回答说"不知道"。于是我说："思考的目的只有一个，就是为了不改变自己。我们会思考如何保持现在的自己，却不会思考该怎么改变。"

◎ 我好像有点明白您的意思了。

印度圣人吉杜·克里希那穆提❶曾说："如果能停止思考、坦然直视所发生的一切，你自身就会开始发生变化。"对此我深表赞同。

---

❶ 吉杜·克里希那穆提（J.Krishnamurti）印度圣人。他的数本谈话录均被翻译为日语出版。如《生命的完整》（平河出版社）、《关于生活》（春秋社）、《真理的种子》等。

◆ "思考"会阻止改变

◎照您的说法,思考是不可取的,那应该怎么办呢?

只要知道"自己在做蠢事"就好了。如果你觉得什么地方很奇怪,那么奇怪的一定是你自己。不需要知道哪里奇怪、为什么奇怪。只要承认"是自己错了",就已经迈出了开始的第一步。

◎能不能再详细解释一下。

如果有傻瓜的话,那一定是我自己。如果觉得别人都傻,只有自己最聪明的话,永远都改变不了自己。思考会让我们觉得"我是对的,错的是你",只要这样的想法还存在,我们就无法改变。思考会想方设法列举一千零一个不利于改变的证据,我们不应该被其左右。

◎"思考"总是在自我辩护?

对。如果我们一直为自己开脱的话是无法改变性格的。不论思考如何进行自我辩解都不要管它,换个角度从外部看自己的一举一动,就会明白我们尽在做些蠢事。这正是性格变化的开端。

◎比如说什么样的蠢事呢?

诸如被感情支配、过分在意别人的看法、因为挨训而受伤等,都是我说的蠢事。比如有人觉得挨训了当然心理上会受伤。但世界上其实没有理所当然的事，也没必要为此伤心。可人们的内心还是会受伤，这就很蠢、很好笑。

◎ 意识到自己正在做蠢事很重要，可当我们意识到这一点的时候，不会很失落吗？

失落本身也是很蠢的。之所以会失落是因为人们会思考，会想"我为什么会做这么蠢的事"。这时候就不应该思考，只需要一笑而过。不能一个劲儿地想"我怎么尽做些蠢事"进而变得阴暗。人生是一场滑稽的喜剧，没有为什么，所以只要一笑而过就好。不要说什么"我就是这个性格"，这只会让人迷茫。

◎ 只需要这样就可以改变性格了吗？

这可不是什么简单的事。人往往喜欢通过自我责备让自己看起来很惨。如果自己对自己说"你真是傻"，那个被说的自己看起来就像个坏人，反衬之下会有主动自我责备的自己是个好人的错觉。

二、没有必要了解自己的性格吗？

◎人没必要了解自己的性格吗？

我可没说没必要。让你觉得混乱，真是不好意思。了解自己的行为模式，也就是性格，当然要比对此一无所知方便得多。每个人都有其独特的犯傻模式，在某种特定情况下一定会做出特定的愚蠢行为。这就是生活风格（life style），也就是性格。

了解自身性格的话，我们只需要在特定的情况发生时多加留意就好，这比时时刻刻都提心吊胆要高效许多。

◎可我们又没办法对性格进行自我分析。

对，所以要想通过性格分析来改变自己的话，就需要接受心理治疗。

◎看来想要不接受心理治疗就改变自己的话一定很难吧。

你是有多么抗拒心理治疗啊。

◎其实我很害怕。

这是因为你不了解心理治疗。心理医生可没有暴露患者缺点，让他们失落的低级趣味。我们会全程鼓励他们。

◎这我知道，可还是很不安。

没关系，害怕治疗就表示你的心理问题还不至于严重地影响到日常生活，只要一切照旧就好。当心理问题影响到日常生活时，你就顾不得什么害怕不害怕了。这就像看牙医一样，只有牙真疼起来的时候人们才会去看牙医，不过我们的心理治疗跟牙医诊治可不一样……

◆ 改变性格之旅还需有人结伴

改变自我就像登山一样，一开始还是不要独自一人为好。独自登山并不一定会遇难，但有向导同行的话会更安全高效。建议大家至少参加一次集体治疗集训或是接受短期心理治疗，这会有助于你早日掌握要点，之后再自己慢慢实践就好。

◎心理治疗一定会分析性格吗？

阿德勒心理学把性格分析称为"生活风格诊断"，只在有必要时进行，因为这很麻烦。并非每个患者都要性格分析。比如集体治疗的话就没时间分析所有患者的性格，所以通常会不分析性格就直接开始集体治疗。个体心理治疗也会视具体情况而决定需不需要进行性格分析。

性格分析的用途也是多种多样的：有时只做心理医生制定治疗方案时的参考，有时会告诉病人，有时会关注患者目前状况与其性格的关系，有时也会研究患者性格成因再进行治疗。

◎ 关注患者性格的成因再进行治疗是像弗洛伊德派的精神分析法一样，追溯患者的心理创伤吗？

并不是这样的，让我来举例说明。

一位母亲总是对孩子的行为不满意，会干涉他的所有行为，所以他们经常吵架。母亲也知道自己过度干涉，但每次还是会忍不住，事后又很后悔。

◎ 这种情况确实很多。

她曾跟我说："我有两个儿子，其中一个已经很大了，可还是会尿床……"这位母亲是家里的长女，下面还有两个弟弟。母亲在她中学的时候就去世了，之后便由她照顾弟弟们长大。在此过程中她的内心形成了一种"我不照顾弟弟们的话他们就无法生存"的强大信念。现在她把这一信念用在了儿子们身上——"我不好好照顾他们的话，他们就活不了"。这就很荒唐，因为这两个孩子的母亲是健在的，而且还是一位存在感这么强的母亲。

我对她说："你现在依旧重复着小时候的行为模式，只是把对象从弟弟换成了儿子。"她听后豁然开朗地说："原来我居然这么蠢。"并果断决定不再过度插手孩子们的事。这个案子就这样解决了。

◎ 原来这么简单啊？

是因为我简要概括了整个过程才听起来好像很轻而易举。其实这个过程很艰难。心理医生一边不断鼓励患者一边向她解释了所有行为，所以患者才得以积极克服。独自克服的话是相当困难的。

三、"察觉"对于改变性格来说是必要的吗？

◎改变性格不一定非要做性格分析，但需要"察觉"到自己正在做蠢事对吗？

"察觉"，嗯……究竟什么是察觉啊？我认为必要的不是察觉，而是"始终保持警觉"。有些人虽然明显地察觉到了自己的问题，可就是不改，这是因为持续性不够。

察觉到问题固然重要，但更重要的是自始至终保持警觉。要不断地意识到自己又在重蹈覆辙，并采取和以往不同的行动。只停留在察觉到"啊，原来是这样"的话是永远改变不了的。察觉只是一时的，重要的是持之以恒。

◎也就是说"察觉型的自我分析"是改变不了自己的，但始终保持警觉的自我分析可以改变自我？

嗯……这里用自我分析一词仿佛不太合适。

始终保持警觉既适用于只凭一己之力改变，也适用于借助心理疗法改变。也就是说这也是我们心理治疗的常规手法。首先要去除先入为主的观念，对实际发生的事和自己的不合理行为始终保持警觉。这时候分析一下自身性格的话就会方便许多。性格分析会让你知道自己在什么情况下会采取不合理行动，有助于掌握需要重点警觉的情况。其次，要察觉到容易让自己机械重复已有行为模式的节点，在这个节点上努力采取更合理的行动并体验其带来的积极效果……

这些步骤对改变性格都是必要的，并且同样适用于在心理医生的帮助下改变性格。所以在接受心理治疗，特别是个人心理治疗时，不要过高地期望自己的性格会在治疗室里发生翻天覆地的变化。在治疗现场，也就是实际生活中的始终坚持才是改变性格的关键。

◆ 改变性格的"Aha"体验

让我们来举例说明。还是那位孩子一晚回家就训他"又上哪儿瞎玩儿了"的妈妈。这一说话方式已经在她的性格里根深蒂固，成为一种机械重复的模式，所以她总会不自觉地这么说。要想停止这一行为，就必须让她对此有一个清晰的认识。

于是我建议她下次孩子回来晚时不要训他，而是试着问"要不要喝杯茶"。她要将此付诸行动是需要持续不断的警觉的。她要对自己保持警觉，在"又上哪儿瞎玩儿了"这一模式浮现在脑海时，就立刻将其扼杀，并尝试"要不要喝杯茶"模式。在实行新方案时，当她察觉到孩子对新方案的不同反应时，就能体会到"Aha，原来如此"。这就是我们说的"Aha"体验。这时，至今为止的固有行为模式对她的束缚就会浑然消解，她会明白两种行为模式的不同，性格也会开始改变。

◎ "Aha"体验

不过并非永远都会这么顺利。就算母亲遵循建议，认真实践了，但心理工作者是无法预测到儿子会对此作何反应的。他也很可能还是会丢下一句"你好烦"就走了。

◎对方的反应是千差万别的。

如果孩子的反应真的是这样的话，就说明我的建议不对，要再想新办法。要相信"Aha"体验总会发生，并不断地坚持尝试。只有这样才能改变性格。所以，虽然改变性格随时都有可能，但其方法离不开心理工作者的不断探索，以及患者不断尝试的勇气。

◎要不断鼓励患者，给他们勇气。

作为心理工作者，要知道很多事情。阿德勒喜欢称自己的理论为"知人"。心理工作者需要了解形形色色的人，要了解人们会在什么情况下做傻事，怎样才能心平气和地审视自己、渡过自我改变的难关，以及想要成为怎样的自己。也就是说心理工作者要了解幸福生活的原理。

◎所以不仅要知道改变自己的办法，还要知道今后要将自己变成一个什么样的人对吧？

对。了解当前处境很重要，但了解接下来的人生方向更重要。来自哪里不重要，重要的是要到正确的目的地去。

◎什么是正确的目的地？

这正是本书的主旨，我们接下来慢慢讨论。总之，目前大家只要明白即便不了解自己的性格，也能改变生活方式就足够了。

Q3：性格到底是什么呢？

◎对了，您能不能告诉我们性格的定义是什么呢？

阿德勒心理学中把性格称为"生活风格"(life style)。生活风格的普遍定义是"有关自我与世界的理想与现实状态的信念体系"。

◎我觉得信念是一种没有逻辑的"思考"。虽然没有特别的依据，却深信不疑……

也不是完全没有依据。构成性格的各种信念虽然没有所谓的科学依据，却是由真实经验得来的。比如小时候一被妈妈训就闹别扭并因此得到安抚，可能今后都会有容易闹别扭的习性。又比如一被训就对母亲拳打脚踢地反抗，而母亲也因此平静下来的话，他长大后可能比较偏攻击性。过去的经历让人们明白遇到何种情况该怎样应对。人们会吸取这些教训并铭记一辈子，逐渐形成不同的性格。

◎这么说来，性格就是每个人特有的解决问题的方式喽？

某种意义上来说是这样的。生活风格定义的另一个说法就是"认为某种情况发生时，这样做会顺利，那样做会不顺利的信念"，这一说法就和刚才的例子十分吻合了。"受到伤害时反击复仇的话会比较顺利"

的信念就是一种生活风格。生活风格的定义还有另一种说法就是"每个个体固有的认知与行为模式"。

◎渐渐变得心理学起来了。

这些定义的本质都是一样的,只是说法不同而已,画成图表的话就更加一目了然了。

我们会听到、看到外界事物,这时候还只处于听和看的阶段,并未对其赋予意义,我们将这个阶段称为"感觉"。接下来会对其赋予意义,我们将这个阶段称为"认知"。比如看到一个红色的球体叫作感觉,而认识到"啊,这是一颗苹果"则叫"认知"。

在感觉和认知之间存在每个人特有的习惯,这就是"认知模式",用阿德勒心理学的术语来说就是"感觉偏差"。

接下来人会基于自己的认知结果采取行动,这里所说的行动不仅指肌肉运动,也就是"行为",还包括大脑活动(思考)和自主神经的活动,也就是广义上的"感情"。认知与行动之间也存在每个人特有的习惯。即便认识到"这是一颗苹果"也并不是所有人都会选择把它吃掉,我们暂且将认知和行动的对应关系称为"行动偏差"。

生活风格这一概念同时包含了感觉偏差和行动偏差,我们无法将两种彻底分离,所以又将其统称为"感觉行动模式"。

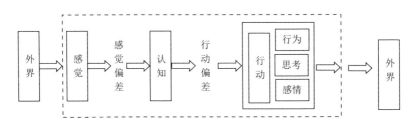

一、信念决定人们接受事物的方式

人的认知行动模式是由什么决定的呢？答案是"信念"。比如"又红又圆的东西就是苹果。苹果很好吃，我喜欢苹果"这一连串的信念就会决定一个人看到红色球体时的认知和行动。

了解一个人的信念体系，就能明白他的认知行动模式。二者虽然并非完全相同，但是是可以互相对译的，所以我们只需要了解其中一方就好。

◎原来如此。

从这个层面上来说，性格就是信念。信念会不断侵入思考、影响思考，不停地提醒我们最权威的常规做法是什么。所以只要你还在思考，就等于是相信思考、相信信念、相信自己的性格是对的，性格当然就不会改变。

所以只要暂时停止思考，只关注"实际发生的事情"，就能大大增加改变性格的可能性。不过仅做到这一点的话，是不足以知道性格会变成什么样的。但起码可以确定的是：性格会变成最适合你现状的样子。打个比方来说，当你在峭壁的半山腰挣扎时叫你放手，无疑会落到最低、最安定的地方去。不过这是只采用"关注实际发生的事情"这一方法会发生的情况。心理疗法当然会综合使用各种手法，以确保你可以落到自己想落到的地方去。

◎想问一个关于措辞的问题，比起性格，用"生活风格"一词更好吗？

不，用性格一词就可以了。

◎之所以这么问是因为您也知道，在营销领域生活风格一词的用法截然不同。

类似于"换副眼镜、换种生活风格"这一广告语的用法对吧。前面我们一直在用生活风格一词，其实应该用德语"Levessteil"一词。但该词不好发音，而且大家对此也不太熟悉。所以就用了"生活风格"一词。其实只要定义是正确的，用什么词都无所谓。

这里的生活（life），也就是德语中的 Leves，其实包含了"生命""人生""（日常）生活"三种语感。风格（style），也就是德语 steil 是"型"的意思，它的词源是"文体"的意思。阿德勒认为：我们从出生的那一刻开始就在用自身行动书写着属于我们的自传。每个人的书写方式都有自己的独特风格，也就是我们这里提到的生活风格。所以生活风格支配着人们的全部。

◎用简明易懂的日语来说的话，就是性格了。

只要明确了定义，用性格一词也是没问题的。大家只要知道我说的性格就是指阿德勒心理学中的生活风格就好了。

二、自身·自我与性格是什么关系?

◎这个问题可能有点钻牛角尖,请问人们常说的"自身·自我"和这里的"性格"是相同的吗?

"自身·自我"这一用语还没有严格的定义。关于其定义的著作❶还停留在罗列大哲学家、大心理学家对自身、自我的不同界定的阶段。

其实性格一词也和"自身·自我"一样,也还没有一个特别严格的定义,没法比较两个定义都不明确的词是否一致。这也是阿德勒心理学不用"性格"而用了"生活风格"一词的原因之一。现代阿德勒心理学的大趋势之一就是在使用某术语前要先对其进行严密定义,同时也会尽量避免使用容易同日常用语相混淆的词汇。

话是这么说,但我们这里说的性格是指生活风格,所以性格的定义是明晰的。剩下的问题就在于到底什么是自我,这里我们暂且认为自身就是"做决断的主体"。让我们在上述定义的前提下来讨论一下刚才的问题,也就是"做决断的主体和生活风格的关系是什么",这样可以吗?

---

❶ 北村晴朗《自我的心理》(诚信书房)。

◎问题变得有些棘手，还请您赐教。

虽然还无法讲得很严密，但还是来探讨一下这个问题。我们在讲自身一词的时候是将其同生活风格一词做了一定区别的。而阿德勒本人也是个用词不够严谨的人，他也曾在论文中有过"生活风格就是自身"这种不严谨的表述。在这里我们避免使用模棱两可的措辞，暂且将自身定义为做决断的主体，这时候性格便是做决断所需要的参考资料。

生活风格就像一本字典，一本自己花费大量时间一点一点亲手编纂的字典……人们一遇到什么事就会去查这本字典，并会按照字典上写的内容去决定如何解读和处理眼下发生的事。

◎做决断的主体就好比是查字典的眼睛，而性格正是我们要查的字典。

为了方便讨论，我们姑且认为做决断的主体没有任何角色、性格，或者说是倾向。虽然这样的讨论会变得形而上学、很抽象。

当遇到人生课题❶时，做决断的主体就会立刻开始查字典，并且参考字典的解释来做决断——"啊，就是这条解释。原来对面走来的人叫作'女人'。女人是这样一种生物，所以我应该这样做"。这也是性格能够改变的原因之一，因为做决定的主体和字典是分开的。

---

❶ 人生课题（Life task）：人类一生中必须完成的课题。阿德勒认为人生有三大课题："工作""交友"和"爱"。生活风格 × 人生课题 = 行动

◎因为做决定的主体也可以选择不按字典的解释做。

为了方便解释,可以将字典中的"我"这一词条分为"看的我"和"被看的我"。"看的我"代表做决断的主体,"被看的我"代表性格。

主体是独立的,与性格无关。也正因如此,主体可以不依赖字典独立行动,但人们通常不会这么做。有时候人得做通常不做的事才能知道其实字典上的某些记载是错的。心理疗法会尽可能让患者做一些可以暴露字典错误记载的行为,这样一来患者就会想要重新修订字典。但今后也有可能会再次被修订过的字典束缚。

◎也就是说没有字典的话主体就不知道该如何做决断对吗?

对,不过大彻大悟的人可能不需要字典。我觉得想要大彻大悟,恐怕得暂时先抛开这本字典才行。字典还是需要的,但不会对字典唯命是从了,不会成为字典的奴隶。但我们凡人也不敢奢求自己能达到大彻大悟的境界。所以至少希望自己能拥有一本最新的、记载无误的字典。

◎也就是更加方便的生活风格对吗?

虽然主体可以改写字典,但又会被改写过的字典束缚,所以自由意志就显得若有若无。主体可以自由决断是否改变性格,但改变了性格之后又会被新的性格束缚。就像妻子一样,男人可以选择跟前妻离婚再娶,但最终还是会被新妻子管教。男人只有彻底觉悟出"没有妻子也可以生活"这一道理,才能获得真正的自由。

◎ Aha，同感！

我们把这种自由意志若有若无的状态称为"软决定论"。如果自由意志完全存在的话，就没有性格。这个人自己以及周围的人都无法知道他是个什么样的人，这样一来性格诊断也就没有意义了。

反之，如果是完完全全的决定论的话，治疗就会失去意义。古典弗洛伊德心理学就是从完全决定论出发的，我经常感慨他们竟然能将治疗进行下去。新弗洛伊德派心理学者们是承认自由意志的，比如在自我心理学中，或者说在"矛盾自由自我领域"，新弗洛伊德派心理学者们是承认作为有自由意志主体而存在的自我的。

三、弗洛伊德和"自我"一词

◎如果说自身是决断的主体，那自我又是什么呢？

自我（ego）一词可以说是弗洛伊德❶心理学的专用词汇。他将自我一词定义得如此完美，简直是把自我这个词献给他都不为过。而自身（self）就作为大家共同的词汇来使用。美国多数学者恐怕都是这么想的。

◎可荣格就会区分使用"自身"和"自我"……

只要事先定义好，其实用哪个词都没关系。总之，阿德勒心理学认为自我是介于本我和超我之间的可怜角色。需要事先说明的是，阿德勒心理学并不认为自身是"做决断的主体"。

◎什么？！可是您刚才明明这么定义了啊？

抱歉。将自身定义为做决断的主体，只是我刚刚暂且下的定义，并非阿德勒心理学的普遍用语。阿德勒心理学通常不会定义自我一词，只是在需要的时候临时对其进行解释。

---

❶ 弗洛伊德（Sigmund Freud 1856—1939）奥地利生犹太人。精神分析学创始人。曾与阿德勒、荣格等人一起工作，后因学术意见不合而决裂。其著作集、全集在人文书院、日本教文社、岩波书店等出版社均有出版。

Q4：性格这本"字典"是如何编纂成形的？

◎请问性格是如何形成的？

在探讨性格是如何形成的这一问题之前，我想先来谈谈性格的定型，这会帮助我们明白很多问题。

不论过程如何，到了一定时间性格变化就会停止。阿德勒心理学认为人从3岁左右开始逐渐形成自己的性格，到10岁左右就差不多定型了。这比弗洛伊德派所主张的性格定型期要晚得多。我认为性格会在青春期结束到20岁左右的这一时期完全定型。

我们的性格在10岁左右就几乎处于静止不变的状态，可为什么性格的形成会几乎接近停滞呢？不觉得这很奇怪吗，性格为什么不会像我们的肉体一样一辈子都不断变化呢？

◎这么一说还真是，为什么性格的变化会停滞呢？

从大脑生理学的角度来看，10岁左右明明大脑还在发育，可性格变化却几乎停滞了。可见这不是大脑的问题，而是心理的问题。

回想一下你上小学高年级或者刚上初中的时候。有没有觉得那时候仿佛突然就进入了大人的世界。明明之前还觉得自己是个孩子，可这一时期会觉得"我已经不是小孩子了，我什么都懂"。

◎确实有过这样的时期。

当你觉得自己已经是大人了的时候，就会觉得很安心并停止成长。在此之前会觉得"我得学会更多解决问题的办法，得有个大人样才行"，会逼自己不断改变和成长。但到10岁多一点的时候会觉得"是该休息一下了"，于是性格的成长就结束了。一旦休息下来就懒得重新出发了。会觉得"既然这样也可以就先这么着吧"，结果就会这么持续一辈子。

性格之所以会固定是因为人们自己主动决定了"我不想再改变性格"，放弃让性格继续成长，于是性格就停止了变化。

◎是我们本人自己选择了让性格定型的对吗？

对。之后人们就会不断努力地保持性格不变。所以改不改变性格都是人们自己决定的。

◆ 性格意外地很容易改变

◎性格的形成到定型大概在3岁到10岁是有什么依据吗？

这是基于观察结果得出的结论。阿德勒在逐渐推迟性格定型的年龄。他早年写的文献大多认为性格会在4、5岁时定型，但晚年时则将其推迟至10岁左右。

之后，阿德勒的继承者们继续推迟了性格定型的年龄，现在多数阿德勒心理学学者都认为性格会在青春期结束时完全定型。这是因为逐渐积攒起来的大量案例表明：其实性格意外地还是会随着年龄的增长而变化的。

　　与弗洛伊德派、荣格派不同，阿德勒心理学是在对小孩的实际观察中建立起来的。而弗洛伊德派则是从勒内・施皮茨❶才开始了实际观察。当他开始从事心理学相关工作时，古典弗洛伊德理论就已经存在了，他是带着这一理论去观察孩子的。弗洛伊德的心理学理论会先入为主，产生感知偏差，结果收集到的数据也都全是些能证明该理论的数据。所以我不太相信弗洛依德派的性格形成理论。

　　阿德勒其实相当于现代的儿童心理医生，他是在治疗儿童的过程中逐渐建立起自己的理论的。他工作的主要场所是儿童咨询中心，来咨询的孩子大多是不适应学校生活或者行为不良的"问题少年"，而不是有精神疾病的孩子。也就是说他的接触对象都是正常的孩子，并非患病儿童。他诊断了很多正常的孩子，获得的数据自然都很真实。总而言之就是阿德勒不会像弗洛伊德那样带着先入为主的观念去诊断小孩，看的孩子越多就越能发现其实性格意外地会随着年龄增长而改变。

◎**确实有很多孩子上了高中后性格变得和初中的时候截然不同。**

　　对。如果对这些案例做详细的分析就会发现他们的性格确实有所改变，而并非只是表面上的行动变了这么简单。

---

　　❶ 勒内・施皮茨（Rene Spitz 1887—1974）奥地利裔美籍心理医生。跟随弗洛伊德学习了精神分析法。留下了很多有关婴儿心理学的实证研究成果。

一、零岁到两三岁期间的性格尚不明朗

◎您刚刚提到性格的真正形成是从两三岁开始的,那零岁到两三岁期间的性格又是什么样的呢?

当然性格的形成在此之前就已经开始了,但谁都无法确认零岁到两三岁期间的性格到底如何。

◎可是弗洛伊德的对象关系论❶中有很多关于这一时期性格发育的论述。

但婴儿是无法回答这些问题的。就算你问他们"听说你虽然还不认识妈妈,却知道什么是好乳房什么是坏乳房",他们也不会回答啊。将问了也无法回答这种无法观察的情况归结为尚不明确,难道不是最为严谨的科学态度吗?我们得等到孩子三岁左右有了语言能力时才能和他们讲话,这时才能观察所谓的性格原型是否确切存在。当然,性格应该是从出生起就开始逐步形成了,但三岁为止的形成过程还是个谜。

---

❶ 对象关系论:关于母婴关系如何影响其人格形成的考察。梅兰妮·克莱因有很多相关的学术成果。克莱因认为:乳房是婴儿接触到的第一个外界事物,寄托着婴儿所有的本能愿望和无意识的幻想。婴儿时吮吸乳房的口欲未能被满足的挫败感会对人的一生造成无法挽回的毁灭性影响。

◎这么说来，弗洛伊德派关于婴儿时期心理发展的理论……

并不能说是假的。也许那种看法也是成立的。

需要声明的是，我并不想攻击弗洛伊德派。如今再重翻过去学术争论的老账也没什么意义。弗洛伊德和阿德勒看问题的角度不同，即便是看同一个人也会有不同看法。不论哪派的看法都不过是感觉偏差所产生的主观意见而非客观事实，争辩也没什么用。即便是看同一条河，也有人觉得它是一股清流，有人觉得河里有鱼，甚至有人会把它看成一条路。

总之，由于无法确认三岁前的心理变化是真是假，这里就不做讨论。

◆ 性格是言语性的

◎尽管无法确认，但三岁前性格就已经开始形成了对吗？

至少条件反射已经形成了，这也是性格的一部分。

不过我们这里所说的性格，也就是阿德勒心理学的"生活风格"是言语性的、是信念体系、是思考方式……条件反射等非言语性行为，虽然也是生活风格的一部分，但主要支配我们日常生活行为的并非条件反射，而是认知部分，也就是言语性部分。所以我们讨论的是性格中认知性的、言语性的部分。因此不得不说性格是在三岁时大体形成的，这时婴儿刚开始会说话。

二、三岁之后的性格形成机制

◎也就是说三岁之前主要是条件反射，认知性、言语性的部分尚未形成，那么三岁后性格又是怎么形成的呢？

阿德勒心理学并未深入研究性格的发展。只考虑心理咨询和心理治疗的话，其实没必要深入研究性格的发展。

◎这又是为什么呢？

弗洛伊德心理学深入研究了性格的发展是因为他们认为精神病理和"固着""退行"等发展过程有关。

而阿德勒心理学则认为精神病理并非是心理发展过程的障碍，而是由于现阶段生活风格的扭曲。虽然现阶段生活风格可能源于过去的性格发展，但阿德勒认为即使不了解其发展过程也可以进行修正，也就是说对治疗论来说并不是非得研究发展论不可。说得更极端一点的话，即便完全不了解性格的发展也足以对成人进行治疗。

但是不对性格发展做深入研究的阿德勒心理学会在育儿问题和对十岁以下儿童进行治疗时遇到问题……所谓的正统派学者可能比我更在意过去的性格发展。虽然可能有些误解，但阿尔伯特·艾利斯甚至抱怨过"阿德勒心理学者们过于关注过去，只要了解现状就足以进行

治疗"。❶

◎您认为不了解过去也可以进行心理治疗对吧？

对，就成人治疗来说我同意艾利斯，不过我觉得艾利斯忽视了儿童治疗。总之我觉得在对成人进行治疗时，只要了解"患者现在遇到这种情况时会倾向于做出这样的行为"就好了，没必要详细调查患者的童年过得如何或者追究他的这一性格是怎么形成的。

◎弗洛伊德派对于这方面的分析却很深入。

这也是一种治疗方式，我不会否定的。除了经典的弗洛伊德精神分析之外，还有交流分析治疗法等新疗法——发现目前不合理的行为模式然后追溯其形成过程，让患者回想起所谓"行为禁令"在心里生根发芽时的事件。有的患者会眼泪汪汪地说"妈妈，不管你怎么告诫我不许哭，可我想哭的时候还是会哭的"。我承认这些治疗方法都是成立的，但并不觉得这些操作都是必需的。

---

❶ "阿德勒心理学的主要缺点是对患者过去的过分执着。即便了解了过去也无法改变患者当下不合理的信念体系。阿德勒心理学至今都认为患者孩提时代的家庭地位是其心理问题的主要原因，对其过分重视……我（阿尔伯特·艾利斯）赞同雷蒙德·科西尼（Raymond Corsini，夏威夷的一名阿德勒心理学者）的观点，他认为阿德勒心理学太过倾向于关注孩提时代记忆、兄弟姐妹关系之类的不太重要的事情与性格的关系了。" Nystul, M.S.:An Interview with Albert Ellis. Individual Psychology, 41(2), 243-254, 1985.

◆ 当着观众的面治疗

◎您完全不会这样操作吗？

其实有时候也会这么操作，特别是在集体治疗中进行个人治疗的时候。我会在集体治疗中抽空为有需求的患者进行个人治疗，不过是在所有人面前。阿德勒一直都很喜欢在公众面前治疗。不论是集体治疗还是个人治疗，这种公开治疗是阿德勒心理学的常见手法，反倒是在单间里一对一治疗比较罕见。意思就是即便接受我的个人治疗也不是只有我和患者一对一，一定会有其他观众在场。

◎这又是为什么？

阿德勒所在的儿童咨询中心穷到诊疗室和等待室之间都没有门，所以在等待室等候的人是能看到心理治疗过程的。不过这反而很好，因为来咨询的患者大多都有相似的心理问题，等待的过程中顺便观看治疗过程会对患者改变性格有帮助。

而且这对接受治疗的一方也是有利的，他会感觉到在后边等候、观看的人都在支持自己，大家都在为自己出谋划策的体验是很珍贵的。并且对心理医生也有好处，如果在封闭空间一对一治疗的话，患者很容易落泪哭泣，这不利于心理医生进行治疗。患者一哭医生就会轻轻地把纸巾盒推到患者面前，要是渐渐地医生也被带哭了的话，患者又会将纸巾盒再推回来。如此一来二往心理治疗就变成了互相推让纸巾盒、纸巾堆了一大摞的治疗，多不卫生啊。

总之，公开治疗有很多好处，于是就代代传承了下来。所以阿德勒本质上是一位群体治疗师。

◆ 过去不宜深究

◎为什么在集体治疗中进行个人治疗时会追溯过去呢？

这样的接受度比较高，患者会觉得是"深度治疗"。客人比较偏好这样的风格，算是一种供求关系吧。

并且与个人治疗患者不同的是，集体治疗患者可能不会再来接受治疗，所以必须在仅有的一次治疗中拿出结果。这种情况下戏剧性的处理方式会给患者留下更深的印象。

◎不这么夸张也可以治疗对吗？

对，不采取这种手段也许会多花一点时间，但会治疗得更彻底，也不用哭哭啼啼的。但有的人就是很想哭，我只会在这种特殊情况下采取感性回顾过去的方式。美国的阿德勒心理学家们也同样很少采用这种追溯过去的方式。

但德国的阿德勒学者们在使用心理疗法时一定会追溯过去。因为对他们来说"心理疗法"一词的定义就是要让患者饱含感情地回顾过去。德国阿德勒心理学者会对"心理咨询"和"心理疗法"进行区分❶。前者不用追溯过去而后者需要。我是不赞同这种区分的。

---

❶ "阿德勒心理学的心理疗法是用来治疗心理重症的。必须让患者在安定的、建设性的退行状态下饱含感情地回顾和再次体验过去，从而达到治疗目的。"

Schmidt, R.: Thesen zur Individualpsychologie. Individual Psychology News Letter, 33(2), 14-15, 1985.

◎同是阿德勒心理学也会有国别差异吗？

差别还是很大的。阿德勒心理学其实很宽容，或者说很松。只要引用阿德勒的言论就都是阿德勒心理学。不仅会有地域差异，而且每个人的治疗方式也是千差万别的。有一百个治疗者就有一百个阿德勒。

◎不会因此而经常发生争论吗？

当然会经常吵架。不过我们是有共同体感觉的所以不会吵得天翻地覆，而是会尽量进行有建设意义的争论。我也会在后面讲到什么是共同体感觉。

◆ 家长无法塑造孩子的性格

◎继续前面的话题，您还没有分析三岁之后的性格是如何形成的呢。

不跟你兜圈子了，简单概括来说有三种模式：一是孩子会在自身的不断试错中知道遇到某种情况时怎么做顺利怎么做不顺利，从而逐渐形成自己的信念体系；二是学习父母、兄弟姐妹、老师口头传授的经验；三是模仿他们的行为。都是很常规的模式。

不过需要强调的是家长无法塑造孩子的性格。

三、孩子的性格是他们自己选择的

◎啊？孩子的性格不是由家长塑造的吗？

幸好我强调了。对阿德勒心理学者来说这是常识，所以我就没说。人类很容易以为自己的常识就是全世界的常识。所以决定孩子性格的是……

◎我知道了！是孩子的自主决断。

回答正确。假设父母很暴力，他们的孩子既有可能在父母的影响下变得暴力，也有可能将父母当成一个反面例子，决心一定不要成为一个暴力的人，孩子是有很多选择的。所以当他们质问"是谁让我变成现在这样的"的时候，家长可以理直气壮地说"是你自己"。

◎所以说孩子的性格是他们自己选择的？

对，这个表述很到位。孩子会在众多可能性之中靠自己的力量选择自己的生存方式。

◎这么说来，育儿和性格形成无关了？

不，二者有很大的关系。现代阿德勒心理学，特别是美国的阿德勒心理学对育儿论、教育论的研究热情远远大于治疗论。

家长和老师会给孩子提供选项。假设家人教育孩子要有高学历，孩子可能会努力学习以考取高学历，也可能为了反抗父母偏不好好学习。不论选择前者还是后者，孩子都无法忽视学历这一价值观。赞同也好反对也罢，孩子的选择都是关于学历的。

而且孩子大多是通过偷偷观察父母行为来学习如何解决问题的。比起父母的言论，孩子的成长会更多地受父母行为的影响，真是细思极恐。之后我们会再详细探讨这个话题。

总之重要的是：性格的形成、固定、维持、改变都是主体的自主决断。遗传、环境会影响性格的形成，但并非决定性因素，最终做决定的还是孩子自身。阿德勒经常说"问题的核心不是有什么选项，而是会选择什么"。❶

◎ **性格是由自主决断塑造的，也正因如此，它是可以由自主决定而改变的。**

当然并非只由自主决断决定，性格的形成、固定、维持、改变都会受到内部和外部的双重影响。否则就不存在育儿、教育、治疗等会对性格产生影响的外部因素。这些外部因素的影响力也不容小觑，奇怪的育儿、教育方式很有可能会培养出奇怪的性格。

不过我想强调的是：**不论多奇怪的性格都可以随时改变。过去不能束缚现在。过去已经不再重要，现在会做出什么样的决断才是我们通向幸福的关键。**

---

❶ 重要的不是生来就有什么条件，而是如何充分利用现有的条件。Adler,A.: Der Aufbau der Neurose. Intl. Zeitschr. Der Individual psychol., 10, 321-328, 1932.

Q5：如何诊断性格？

◎前面多次提到性格诊断，如何诊断性格呢？

完了，又是我不想讨论的题目。这也是个我现在还不太想讨论的话题。

◎是企业机密吗？

当然不是了，阿德勒心理学是没有秘密的。这个宏大的题目一旦开了头，怕是一本书都讲不完，而且这些知识对本书的读者不太有帮助。

◎这又是怎么说的？

我之前说过我们无法进行自我分析，所以即便知道性格诊断的方法，也还是无法了解自己的性格。至于分析别人的性格，怕是只有心理工作者才有这个必要。

◎我觉得要是能分析家人或是职场同事的性格的话一定很方便。

性格诊断法会被滥用，我是不想让大家知道的。

难道你不觉得窥探别人的内心是很不礼貌的吗？心理工作者会诊断性格是因为患者相信我们是专业的，委托我们去分析，就像外科医生可以在人身上开刀一样。就算是外科医生，如果突然在患者以外的人，比如同事身上开刀，肯定是要被惩罚的。心理工作者也一样，所以我们也不会去分析家人朋友的性格。

◎ 有没有并非刻意要去分析，回过神来却发现自己已经无意识地分析过了的情况呢？

就我个人而言，我会有意识地控制自己，而且，性格并非无意识中就能分析得了的。

心理工作者和患者之间没有利害关系，所以我们对患者进行性格分析是安全的。但你与家人、同事之间是有直接利害关系的，一旦掌握了他们的性格，就会无意识地支配他们。人类都不是十全十美的，是充满私利私欲的。很难想象我们一旦完全了解对方的行为模式，会做出多么危险的事来，我是不会做这么危险的事的。

◆ 性格诊断从兄弟姐妹关系和儿时回忆做起

◎ 被您这么一说我反而更想知道了。

很多阿德勒心理学相关的书都有介绍。简单概括的话就是会通过童年时期和家庭成员，特别是和兄弟姐妹之间的关系，以及儿时的回忆来诊断。

◎不是同父母的关系，而是同兄弟姐妹的关系？

对，还是很特别的对吧。

◎类似于老大会怎么做、老幺会怎么做之类的吗？

也有但不全是。会以特定的形式具体分析儿时兄弟姐妹间的各种关系。习惯了的话也没有那么麻烦，大概一小时左右可以分析完毕。

◎儿时回忆是指精神创伤之类吗？

不是，是指能清晰回忆起来的任何事。比如我就记得小时候屋外的土墙上吊着丝瓜。

◎这种小事就行？

足够了。

◎好有意思……可怎么感觉自从我一转到这个话题起，您的话就变少了。

是吗，我都没发现，真是不好意思。很多阿德勒心理学的书都有性格诊断的相关论述，并不是什么秘密。

但即便读了也还是不能诊断性格，而且不管我在这里讲得多详细，你和读者们都无法诊断。这就像学艺一样，需要老师的言传身教。很多诀窍还是得亲身教学才能传达到位，而且必须经历足够多的案例，天资好且勤奋的人大概也得最快两年才能学会诊断性格。

不要失望，不会诊断性格也照样能过得很幸福，就像我们虽然不知道怎么做手术但照样活得很健康。手术、性格诊断之类的事只要外科医生、心理咨询师来做就好了。

一、如果给性格分类的话会怎么样？

◎提出理性治疗法的阿尔伯特·艾利斯对让人不幸的错误信念进行了分类。阿德勒心理学也有类似的性格分类吗？

没有。阿德勒心理学特别讨厌分类，因为我们认为人人都是完全不同的个体。你说的艾利斯的分类是指他的《理性治疗法》中记载的十种"非理性思考"吧。❶

◎对。

那有可能是他有意识地为了分类而分的。让我们一起来看一下这

---

❶ 艾利斯的十种非理性思考：1.认为自己非常重要，所有人都必须爱自己、接纳自己。2.认为自己能力强、适应力佳、做出成绩是理所应当的。3.如果有人让自己感到不快或是蒙受不公正待遇，就应该严正指责、以牙还牙。4.当人的欲望得不到满足、受到不公平待遇或是被拒绝时，就会将事态往负面悲观的方向考虑。5.认为精神上的痛苦是由强大的外部影响力造成的，自己没办法控制情感向好的方向发展。6.如果某事让人感到危险和恐惧，人就会理所当然地陷入忘我的不安之中。7.不断修炼自我、活出有价值的人生太难了，尽量避开障碍物和责任重大的工作会比较安心。8.过去的经历至关重要，而且对人生产生过重大影响的事件至今还会影响人的感情和行为。9.认为所有事情都应该越来越好，如果遇到残酷的／预料之外的现实就觉得很可怕。10.认为什么都不用做，或是不履行义务就能享乐才是至高无上的幸福。

A New Guide to Rational Living Paperback—Albert Ellis, Robert A. Harper (Author)（国分康孝等译，川岛书店出版。）

些分类有什么相同点。一是否定"绝对""完全""全部""总是"之类的信念；二是否定"应该""必须""理所应当"之类的信念。

◎艾利斯也是这么说的。

要是这么来分的话，我也有话要说。我在之前写的书里也列举过错误信念的特征❶。艾利斯只不过是把这些特征和常识结合起来，列举出了满足这些特征的最常见的十个例子而已。我不想分类，所以特意在列出方程式之后就适可而止。艾利斯不过是列举了方程式的答案而已。我只是不想对性格进行分类从而使其固化，所以特意没像艾利斯那样做而已。

◆ 分类的陷阱

◎为什么特意不分类呢？

像艾利斯一样分类也不失为一种做法，但我们会更加关注每个个体，根据每个人的日常生活就事论事。阿德勒心理学更关注"面

---

❶ 错误信念的特征：1.极端化——用非是即非的两极选项将问题极端化，例如"那人不喜欢我就意味着他讨厌我"。2.以偏概全，比如"那人不喜欢我，可见所有人都不喜欢我"。3.夸张——过度夸大问题，如"那个人讨厌我到极点，绝对不可能喜欢我"。4.强行联系——强行将两个没关联的事物联系起来，比如"那人不看我一定是因为讨厌我"。5.忽视问题——会忽略问题的一部分，在还没全面掌握情况时就下结论，比如"一直都温柔的人对我却很冷漠，一定是因为讨厌我"。——野田俊作《治疗家庭暴力》

前的这个人",不会说"人们通常如何如何",而是分析"这个人如何如何"。

如果对错误信念进行分类的话就会想"该把这个人归入哪类"。然后就会产生感觉偏差,会戴着具有某类特征的有色眼镜去看眼前的个体。

◎抛开比较特别的性格不谈,普通性格都有哪些分类？

你还真是对分类有执念,都说了我们根本就不分类。

◎根本就不分类？

性格并非没有类型,这在以前的书中也有提到。但我不想提及性格的类别,倒不是消极地因为别的书里已经写过了所以不想重复。刚才谈及性格发展和性格诊断时觉得读者没必要知道这些知识所以说得很笼统。至于不谈性格分类是因为知道性格分类的知识是有害的,所以特意不想说明。

◎有害的？

那我就来解释一下为什么是有害的。我们分类的目的并非是为了分辨性格的类型,而是为了方便培养心理咨询师。如果一上来就让心理咨询师培训课程的学员们去诊断性格,相信很多学员都会无从下手。

为了培训方便暂且给常见的性格分了类,但这些分类是不正确的。包括我在内的世界范围内的阿德勒心理学者都认为不存在真正的分类,但为了方便教育又不得不分类。虽然这个教育方针有些奇怪,但我们会告诉学员们为了入门方便可以一开始先从这些分类入手，渐渐入门了之后就要尽快抛开它们，就像婴儿学了走路之后就不再需要学步车一样。但也有很多学员一直依赖学步车，让我很头疼。

◆ 人生目标、自我理想

所幸的是我学阿德勒心理学的时候是先学了性格诊断才学的分类。美国的教育体系也是先教分类再教诊断，由于对方的小失误导致只有我一个人是反着学的，好几个月之后才知道分类的存在。

我虽然是学了诊断之后才接触到了分类，但也学会了性格诊断，所以觉得分类并不是必要的。可在创建日本的教育体系时还是不知不觉就套用了美国诊断学的教育体系。现在觉得真是失败。我很想消灭性格分类，但有很多人已经对此中毒太深，怕是会惨遭反对。性格分类就像血型或星座一样，很容易中毒。

◎比如血型就有很多"信徒"。

你一定会觉得"啊，说得好准"。但这其实并不好，就算发现和自己一样的性格类型，生活也不会改变，不会有助于我们变得幸福。

◎这个道理我也懂，可我也是一个性格分类中毒者。

好吧。那我就介绍一下比较常见的性格类型吧，不过这可不是性格分类哦。

在性格的诸多要素中"人生目标"或者"自我理想"对人生有着

至关重要的影响，让我来列举一些比较常见的人生目标，再次强调这可不是分类哦。其实人人都具备这些要素，只是程度有别。那我就随口列举一些人生目标，要知道除此之外还有很多人生目标。

- 我必须是第一名。绝对不能输给别人，为此必须不懈努力，不能休息。
- 我必须保持完美。决不允许失败，要一直控制自己，不能感情用事，不表露自己的感情。
- 必须不停宣扬自己是受害者。必须不停地证明对方是坏人，不能漏掉任何一个自己受到过的不公平待遇。
- 不停炫耀自己是个特别的人。绝不平凡，任何时候都要反对别人说的话，要不停扩宽自己的知识面。
- 想要的东西必须想方设法得到。要是谁不给我我想要的东西，就必须惩罚他。
- 我必须被保护。为了不失去保护，就绝对不能惹人讨厌，要讨所有人的喜欢。
- 必须保持道德正确。决不能犯错，如果有人犯错的话必须制止。

这里我想再跟读者强调一遍：不要套用这些去自我诊断，它们都是有偏颇之处的。胡乱套用可能会导致自己性格变得阴暗。

二、性格是由哪些要素组成的？

◎您刚刚提到人生目标、自我理想，请问除此以外构成性格的要素还有哪些呢？

与其说要素，不如说情形。其他情形不是那么重要，但还是讲一下吧。

前面我们对性格的定义是"关于自己与世界的理想与现状的信念"。人生目标是对自己、对世界的理想，剩下的就是关于自己与世界的现状的信念了。命名不是很重要，我们姑且把关于自己现状的信念，也就是觉得"我的现状是这样的"的想法称为"自我定位"。

然后我们干脆把自己以外的一切统称为世界，将关于世界现状的信念，也就是"世界的现状是这样的"的想法称为"世界观"。

◎也就是说性格是由人生目标、自我定位、世界观这三个要素组成的？

就知道会被这样误解，所以我才不喜欢聊这个话题。所谓的阿德勒心理学正统派确实会像你一样说"性格是由三个要素构成的"，但我并不喜欢这种观点。

◎为什么呢？

想象有一个玻璃杯。杯子有圆形底座和圆柱形的杯壁。也许从形状上来看只要有圆形底座、杯壁就是一个杯子，但只有这两个要素的话是无法实现杯子的功能的。这两个要素单独分开也好、组合起来也好，都不能构成一个真正的杯子。杯子其实是一块不可分割的玻璃曲面。性格也是一样，是一个不可分割的整体。

◎ 分开考虑的话就会有一种自己已经理解了的错觉。

再说了，将杯子分成杯底和杯壁也不过是人们一厢情愿的分类罢了，把杯子纵切一刀一分为二也可以吗？不过不管怎么分都已经失去了杯子的功用。把性格分成三个要素也是一样，都是一厢情愿的分类罢了，毫无必要。不管怎么分类都是有偏颇的，不过是为了有助于理解罢了。大家一定要注意：性格是一个不可分割的整体。

◆ 重要的是人生的过程

我们关注的是连接过去、现在、未来的人生过程，是运动的。阿德勒这样警示我们："性格是一种运动。为了研究这一运动就要暂且将它固定下来。但必须铭记性格是动态的。"❶

从这一角度来说，认为"性格是有关理想与现状的信念体系"的想法是错误的，至少是不充分的。理想与现状并不是互相独立的，而

---

❶ "为了观察性格会暂且将这一运动冻结起来，但要时刻铭记性格其实是动态的。" ——Adler, A.: Der Sinn des Lebens. Fischer, Frankfurt am Mein, 1973(original 1933)

是作为一个整体构成了人生的矢量，不仅包括两个端点，还有端点之间的线、过程和运动。用语言解释性格的时候只能讲理想和现状这两个端点，这样有助于初学者理解。不过要明白这并不是真的，人生目标、自我定位之类的点根本就不存在。

◎可您刚刚不就讲了人生目标、自我理想了吗？

那不过是引用正统派的观点而已，我个人对此是不赞同的。河里的水流有方向但那并不是目的。河不是想流向大海，只是以流进大海为目标，流向海里去而已。虽然结果都是流入大海，但那不是河的目的。

大家明白了吗，目的和方向是不同的。目的在未来某刻，而方向就在脚下。目标是幻想出来的而方向却是现实的。目标是在方向这一箭头上延伸出来的，并非真实存在的。目标是诊断者假想出来的，并非真实存在于患者生活中。阿德勒也是这么想的，他总是称人生目标为"假想的人生目标"。虽然他并未提及是谁的假想，但我认为是诊断者的假想。

◎很多心理课程都教我们"要有目标"，所以这是不科学的？

对，总之我觉得人生目标就是个幌子。不停地思考人生目标也不能让我们幸福。预设好理想的自己，然后再和现实中的自己对比去做减法，结果往往惨不忍睹。根本就没什么理想的自己，只是人们在脑海之中幻想出来的。这种虚幻的自己还是忘了的好。

真实存在的就只有此时此刻的自己。如果连我都不喜欢我自己，就没人会喜欢我了。只有觉得自己可爱的人才会被爱，才有资格被爱。

不论发生什么都要爱真实的自己,这是幸福的开端。而自我理想、人生目标会阻碍你爱上真实的自己。

◎还以为您会讲很多抽象的理论,就一直紧张得屏息倾听,结果您不知不觉间就又和实践结合起来了。

科学的目的不就是为了使人幸福吗?黑猫白猫,能捉到耗子就是好猫。

Q6: 什么是无意识?

◎ 人们无意识的行为模式也是性格的一部分吗?

对,性格大部分都是无意识的。

不过,阿德勒心理学和经典弗洛伊德心理学对无意识的观点截然不同。阿德勒心理学不觉得意识、无意识是实体。意识不是客观实体,而是事物的性质。所以阿德勒心理学中不会说意识、无意识,而说有意识的、无意识的。

◎ 把它作为形容词使用,而不是一个名词?

对,这是第一个不同。第二个不同在于阿德勒心理学不认为意识和无意识是对立的。阿德勒心理学认为人要意识到所有事物的话很不方便,所以只会对极少的、有必要的事物有意识。

这就好比漆黑舞台上的一盏聚光灯,灯光聚焦的地方就是我们擅长的领域。只要移动聚光灯,就能将无意识的领域变为有意识的领域。当然也存在像舞台背面一样绝对无法意识化的区域,比如自主神经机能。尽管有些机能无法被意识到,但只要想意识的话感知性机能几乎都能意识到,只是很不方便且没必要。总之我们行动的 99% 都是无意识的。

◎**所以我们才净做些不合理的事。**

这话说得也对也不对。无意识的思考、行动不等于不合理。只是无意识的性格在刚形成的时候是合理的。不论三岁、五岁还是十岁,性格的思考、行为方式是符合当时的人际关系的,只是随着年龄的增长变得不再适用了。

但性格就如同法律一样,一旦颁布就很难改变,哪怕情况已经变了。尽管已经同现状不相符,却还会试图照用。就像一国的法律很难改变一样,我们的性格也很难改变。

一、内心完全不存在对立

◎这样的话不会觉得受压抑的感觉被无意识化了吗？

不会。压抑其实是弗洛伊德派的想法，简言之就是自我和本我在吵架。但阿德勒心理学认为内心不存在对立，所以压抑也就无从谈起。

◎完全不存在对立吗？

不存在。

◎但有些事情就是对立的啊，比如理性和情感、欲望和道德等。

不，不论是理性还是情感都不过是为了完成人生目标的不同工具罢了。

走路的时候左脚和右脚动作相反，一脚在前一脚在后。但这并非对立，而是协调。是为了实现行走这一目的的最好分工。有意识与无意识、理性与情感、精神与肉体，都是如此。看起来像对立，实则是共同作业。

◎还以为它们是对立的。

不过欲望与道德的对立有点不太一样。需要提前强调的是：阿德勒心理学不太讲欲望、欲求之类的。倒不是否定它们的存在，而是认为即便不考虑这些因素心理学也能成立。

就像物理学不讨论力、能量到底真正是什么，只研究其如何运动一样，虽然使我们动起来的根本动因是食欲、性欲等本能诉求，但我们的实际行动并非直接出于这些诉求本身。

就拿出门吃饭来说，其实我们并非为了满足食欲而吃饭。要是单纯为了满足食欲的话只要能饱腹吃什么都行。但我们却会考虑吃什么、去哪家店吃、店里氛围如何，尽管氛围并不能填饱肚子。甚至还会考虑一个人吃很无聊，得叫人一起吃，都有些不知道吃饭是为了满足什么了。

◎猫猫狗狗等动物是专心于一种欲求的吗？

这得问它们。总之性格将很多欲求综合起来使得人类的行为得以实现，人的行为并非直接来源于欲求，所以只要了解性格就好了。比如想知道汽车开多快、开去哪就只需要了解司机的习惯就好，并没必要知道汽车是汽油的还是电动的。

◆ 矛盾存在于个人与世界之间

◎也就是说目前并没必要知道我们是基于哪个欲求行动的。

对。再来说说道德，道德是外部世界的规则。阿德勒心理学不承认内部矛盾的存在，但承认个人与他人、与社会的人际关系矛盾。欲求与道德的矛盾并非内部矛盾而是内部与外部的矛盾。

◎但道德也会被内化，成为内心的一部分，比如良心，比如弗洛依德派的超我。

好尖锐的问题。阿德勒心理学中将其称为"伦理观"，是判断善恶的一种信念，是性格的一部分。你是不是想说想做坏事但在考虑到道德后放弃了，或是做了不道德的事之后良心受到谴责之类的情况？

◎对。

想做不道德的事却克制住了自己可能是因为害怕惩罚，这并非内部矛盾而是内外矛盾，因为惩罚是来自外界的。至于明明知道不道德还是做了，可做完又后悔的情况，其实是良心在向自己和外界宣传"我不是坏人，不然也不会这么后悔了"。这时的良心其实是在为自己开脱。这时候的恶行和良心不过是各司其职，并不矛盾。

若是伦理观真的根植于心就会自然地表现在行动上，不会做出不道德的事，也就不存在矛盾。综上所述，人的内部是不存在矛盾和对立的。

◎**好神奇的思考方式。**

一开始都会这么觉得，慢慢就会习惯的。

二、无意识基本都是可信的

◎回到无意识这个话题,也就是说改变性格并不必要将无意识意识化?

不能说不必要吧,不过大多情况是不将无意识变成有意识也能改变性格。刚刚提到无意识的行为可能是不合理的这个话题,虽然也有不合理的部分但大部分都是合理的。这里说的"合理"并不等于"合乎逻辑"。

无意识的过程,比如联想之类的,并不会依照数学逻辑运行,但对生存来说是合理的。无意识比意识更有生物性,更接近生命。我是一个医生,会特别尊重人体中生物性的部分,真的是一种完美的构造。总之,我认为无意识基本都是可信的,平常无须对它指手画脚。性格并非弗洛伊德口中可怕的怪物。

◎难道不是正因为无意识是个怪物所以才会出现各种问题吗?

我觉得无意识像一匹马而非一辆车,它是很聪明的。即便意识骑在它背上打盹,它也不会走错路甚至摔下悬崖,虽然走得可能会比平时慢些但一定能走回家。正是因为它太过聪明,我们才总会想解剖它,看看它到底是怎么做到的。

◎确实。

但这种想法还是打住比较好。把马解剖了的话会产生以下后果。一是马会发飙，解剖无意识必然伴随着剧痛；二是解剖得太彻底的话马会死，把无意识变成有意识的话会很不自然。无意识是我们内部的自然，是生物的一部分，要顺其自然。

◎包括我在内的很多人都还以为把无意识意识化是治疗的一步呢……

但如果对无意识一无所知的话有时候也会遇到麻烦，希望大家能记住以下两点。一是意识到马头朝哪里，也就是要知道无意识的人生目标、流向是什么。二是马的脾性，因为马有时候会撒欢儿，不掌握马的脾性的话会有摔下来的危险。这里提到的马的目标和脾性就是我们说的性格。

性格并非内心本身，而是内心活动的方向和特征。无意识基本上是可信的，所以把大方针放心交给它，必要时用意识加以辅助就好。

三、当患有精神疾病时无意识会怎么样？

◎健康时的无意识是可信的，可当人们患有精神疾病时无意识不会出问题吗？

我刚说过无意识基本是可信的对吧，所以就算孩子拒绝上学、有不良行为，或是患有精神官能症、精神分裂症，无意识还是会做必要的事。给大家举这样一个例子。

一位快要26岁的精神分裂症女患者病情反复，她出院后好了一段时间，可几个月之后就又会脾气暴躁地挥刀伤人，不得不再次住院，就这样一直反复不断。为了治好这位病人，我召集他们全家人坐在了一起。

◎家庭疗法？

对。她和父母以及比她小三岁的妹妹一起生活，家人都很健康。阿德勒心理学的家庭疗法并不需要家庭全员每次都集体出席，所以主要是妈妈带着患者来，爸爸和妹妹偶尔也会来。

据这位母亲说患者刚出院的时候天天都躺在床上，后来渐渐能下床，在家里闲晃。卧床时家人们自然不会说什么，可当她渐渐能在家闲晃时，家人特别是母亲就开始烦躁起来，会叫女儿"不要一天到晚总在家闲晃，是时候该找份工作了"。

但患者还是老样子，于是母亲的话就越来越有杀伤力了，会说

"你这样下去的话会妨碍你妹妹找个好人家的"去讽刺她。不光是母亲,父亲和妹妹也会这么说她,于是有一天,她就挥着刀子暴跳如雷了。

◎ 这种情况一直反复?

对,住院、出院、再住院,反反复复。于是我问患者母亲:"她在家闲晃的话您会觉得困扰吗?"母亲回答说:"看到有人明明身体健康却不工作,就觉得很厌烦。""为什么不能闲晃呢?"我问。母亲回答说:"病好了就该工作啊。""她在家闲着对您有什么具体影响吗?"我继续追问。"会让我很烦躁。"患者母亲回答说。

这明显就是没什么具体影响,只是不合母亲心意而已。

◎ 患者母亲把自己的喜好强加在了患者身上。

我也这么觉得。这家人的共同价值观是"人就应该辛勤工作",可以说是这家人的集体性格。所以当家人让患者"快去工作"的时候她无法反驳,因为家人说得有道理。

我对患者母亲说:"即便她在家里闲晃也没什么具体的害处,但万一她挥刀伤到别人,或是您不得不为她交高昂的住院费却是有害的。"可母亲似乎心有不服。

于是我继续问道:"您一直叫她去工作,她真的工作了吗?"母亲的回答是否定的。"不管您怎么说她都不去工作,甚至还挥刀发脾气最后不得不住院?"我问。"对。"母亲承认道。"那您觉得今后再强迫她去工作会怎么样呢?"我问。患者母亲陷入了沉默。我趁热打铁问道:"那您是选择逼女儿去工作以至于她暴躁挥刀呢?还是选择让她如愿待在家呢？"

◎ 只能二选一了。

患者母亲终于选择了不再逼女儿去工作，让她在家待着。后来我又跟其他家属说了同样的话，然后观察了一段时间。患者在家待了几个月之后终于能独立外出了。

◆ 无意识间做的事是正确的

可突然有一天她竟然自己打包好行李主动上门来说："我要住院。"她以前每次住院都要三个月到半年才能出院，可这次一个月左右就出院了。

问她为什么会自己主动住院，才知道原来是前几天在路上碰到学生时代的朋友，当对方问她现在在做什么的时候她不知该作何回答，因此焦躁了起来。

不过我觉得这是一个很成功的精神分裂症治愈案例。患者症状轻、住院时间短、出院后恢复得也很好，不仅能在家生活，而且更值得一提的是当状态不好时她会主动来住院。

◎ 真的是好了很多呢！

我举这个例子是想说：该患者无意识间做的事，也就是在家闲待着这件事对于当时的她来说是再正确不过的。当周围人也终于认识到这是对的的时候，她就能做回她自己，进而慢慢进入最理想的状态。

◎原来如此。

当家人们终于愿意放下自己所谓的常识,接纳她真实的想法时,当家人们终于不再用棍棒鞭策她的马儿要快跑时,她才终于能走上属于自己的路。

其实仔细想想,她之所以会暴跳如雷也是因为这是她当时仅有的选择,不然就住不了院。一直沉默下去的话她迟早会被那样的生活压垮,就算她平静地跟家人商量,恐怕他们也不会送她来住院吧。生病给家人看成了她保护自己的唯一方法。

◎可为什么最后住院的时候没生病给家人看呢?

为什么呢,这也是无意识间做出的行为,肯定也是对的。既然马儿都已经重回轨道,就不要再解剖它了吧。

Q7：什么是自我实现？

◎人们经常会提到找回真正的自己、自我实现之类的，对此您怎么看？

又给我提难题，而且这可不是一个好问题。阿德勒心理学大佬安斯巴赫（Ansbacher）曾说："阿德勒心理学者不会用真正的自我之类的词。" ❶

◎可我想知道您是怎么看的。

首先我想强调的是：不存在真实的自己和虚伪的自己在脑海中吵架一说。每个人都是一个不可分割的整体。

之前提到自我时为了方便理解就分开讲了主体和性格，这就好比分开介绍手和脚一样。但事实是手脚并非各自独立，而是共同作为我

---

❶ "阿德勒心理学文献中几乎没有真正的自我、内在冲动、内在矛盾、不得不处理的感情之类的用语。因为这些都是将抽象概念具象化的词，在实际操作中无法定义。" Ansbacher, H.: Individual Psychology, in Arieti, S.ed.: American Handbook of Psychiatry, vol 1, Basic Books, New York, 1974.

的一部分存在。真正的自己这一说法背后的思维是：我们体内有真实的自我和虚伪的自我，它们在吵架，这种想法是不合理的。

◎也就是说阿德勒心理学不承认自我和本我的矛盾？

内心是没有对立的，左右手也不会吵架。阿德勒心理学不承认内心矛盾的存在，也不认可真正的自我与虚伪的自我共存的模式。

我猜你想说的真正的自我应该不是真假自我对立，而是虽然现在还是虚假的自我，但会渐渐变成真正的自我之类的情况对吗？

◎正是。

这就像炼金术一样，铅永远都是铅。如果铅看起来像金子，那就只有两种可能：一是镀金了，铅还是铅只是表面镀了一层金而已，假的真不了。还有一种可能是你以为它是铅，但它其实是金子。这与镀金完全相反，是金子外边蒙上了铅。

从阿德勒心理学的立场来看，认为"自己当中存在另一个真正的自我"这一想法是与整体论——即人是不可分割的整体这一根本前提相矛盾的。可能有人会觉得：可你明明还说什么作为主体的自我啦、性格啦、生活风格啦，这不也是把个人分割开了吗？其实不然，这些并非存在于内心的实体，只是个人的机能罢了。

◎内心中的小人儿并不存在。

对。如果非觉得有真正的自我的话，要明白它们并非实体，只是一种机能而已。不同的自己只是正确机能和错误机能的对立，而支持这些机能运作的是"我"这个机器。寻找内心深处真正的自我就好比是从坏了的汽车中寻找性能还正常的汽车。总之结论就是：寻找真正的自我这一说法很容易引起误解，还是不提为好。

一、什么是自我实现？

◎这样一来如何解释自我实现就成了问题。

什么是没实现的自我？在实现之前难道自我就不存在了吗？不存在的话每天吃喝拉撒的我又是谁呢？

◎不知道啊。

我觉得马斯洛❶对自我实现的定义很对，不过用词很夸张。我不喜欢用夸大的学术词汇虚张声势。还是少用些自我实现、自我强化之类难以捉摸的词，多用些简单易懂的说法。

◎啊，其实我还真想请您一并谈谈什么是自我强化来着。

真拿你没办法。不过就用词来说"自我实现"要比"真正的自我"要好些。借用马斯洛的话来说，自我实现就是实现我们身体中潜在的可能性❷。可见自我实现不是实体，而是一种情境。

---

❶ 马斯洛（Abraham H. Maslow，1908—1970）犹太裔美籍心理学者、人本主义心理学提倡者。

❷ 马斯洛将自我实现粗略定义如下：自我实现即使用和开发自己的才能、能力、可能性。自我实现了的人会充分发挥自身优势、在能力范围内最大限度做到最好。——The Third Force: The Psychology of Abraham Maslow by Frank G. Goble, Abraham H. Maslow

◎也就是说可能性已经存在于人的内部,如果能发现并加以开发的话会更幸福对吧?是人类潜能运动的思考方式。

这样理解的话就又把自我实现物化了。认为可能性这种东西存在于我们之中是很不妥的。就又和认为有真正的自我一样了。

要换个方式去理解。尚未实现的自我就像一粒种子,最终会长成树、开出花。并非种子里事先藏好了树和花,只是种子有长成树、开出花的可能性。

◆ 需要实现的只有当下的自己

如果一直将现在和将来比较的话就总会觉得很卑微。只要我们想着"总有一天我要自我实现",那就永远无法实现自我。

我觉得现代印度圣人拉玛那·马哈希❶对自我实现的论述最为精辟。他说:"需要实现的只有当下的自我。只要放下我尚未实现自我这一误解就好。"❷

---

❶ 拉玛那·马哈希(Ramana Maharish,1879—1950)印度圣人,著有讲谈录《拉玛那·马哈希的教诲》等。

❷ 实现并非获取新事物,它已经存在了。我们只需要赶走认为"我尚未实现自我"的错误念头。……也不存在所谓的追求自我,如果自我之中真的有什么需要追求的话,那一定指追求现在尚未拥有的、好不容易才能得到的事物。但新的得到同时也意味着新的失去,这些得到并非永恒的。而在并非永久的事物上花力气是没有价值的。所以我觉得不存在追求自我。你就是你,你已经存在。——《拉玛那·马哈希的教诲》

◎很多能力开发课程都会打着自我实现的旗号，宣传课程可以改善个人能力发挥、提高创造力、加强为人处世能力等。我对自我实现的认知其实还停留在这一层面上。

马斯洛听了这话一定会很失望。措辞暂且不提，我个人是不否定提高生产效率的研修会的。但我确实没在这种研修会工作过，今后也不打算参与该类工作，仅此而已。

二、设立目标与治疗的关系

◎在很多能力开发课程中经常会听到"要明确目标",请问阿德勒心理学中的人生目标和这样的目标有什么共同之处吗?

这种情况下的"目标"和我们所说的"人生目标"不在同一个等级上。我能理解职工培训中提到的目标,但阿德勒心理学中的目标指的是更无意识的东西。不管你意识到了还是没意识到,其实每个人的人生都是有方向的,这个方向就是人生目标。

即便人为设定了一个目标,也无法约束一天二十四小时的所有行为。也许对工作有约束力但无法改变交友关系,至于夫妻关系、亲子关系等亲密关系,就更是毫无约束力。越是亲密的关系就越会暴露人原本的属性——性格。

◎也许在外边应酬能靠说场面话撑过去,但一回到家真心话就流露出来了。

所以我们并非要设定新的人生目标,而是要寻找人生目标。自己明明已经在朝着某个方向、目标前进,但本人却还没意识到,所以才会有很多困扰。人生目标已经有了,只需要我们去发现。

◎有人曾说"虽然我现在没朋友,但希望60岁退休的时候能有10个朋友",这算是目标吗?

这一愿望很了不起，但问题在于它和性格中的无意识目标是否一致。让我举个类似的例子。

有位男性经营着一家小店，可就是怎么都赚不了钱。他参加过很多能力开发培训，定过很多诸如"几年之内存多少存款、把店做到多大规模"之类的目标，但一个都没实现。于是他开始觉得会不会是性格的问题，就找我做心理咨询。

这位男性信仰基督教，并且到青年时代为止都信奉得十分狂热。听过他的这个经历后我问他："你该不会觉得赚钱是一件罪恶的事情吧？"他沉默了一阵后回答："是的，之前我一直没察觉到，但被您指点之后才发现其实我内心深处一直是这么认为的。"

当他还是个孩子的时候就形成了"赚钱、存钱都是罪恶的"这一信念，然后一直受到这一信念的影响。这种信念虽然是无意识的，却紧紧地束缚着他的人生。所以只要稍稍存了些钱他就会无意识地做一些会亏本的投资，这些投资多是带有慈善性质的，比如把资金投在面临经营危机的客户身上。于是好不容易才存下来的钱很快就赔光了。

◎通过吃亏来获得自我满足？

是无意识的自我满足。于是我跟他说："其实赚钱也是一种社会贡献，合法经商赚钱自身就是对社会的一种贡献。"这个案例也就圆满解决了。

◎这么顺利就解决了？

很简单，因为他的根本目标是"对社会有贡献"，而赚钱和他的这一目标是相矛盾的。

于是我在不改变人生目标的情况下重新定位了赚钱,让他认识到赚钱也是达成目标的一个手段。这种改变完成目标的手段的治疗是很简单的。改变性格分为改变人生目标本身和保持目标不变,仅改变达成目标的手段两大类。一般只会改变手段,而不会触及人生目标本身。

◎ 为什么一般不会改变人生目标呢?

大多数情况下改变完成目标的手段就足够了。我会尽量避免改变性格。这份工作需要窥探患者的内心,已经让我觉得很有愧疚感了,所以会尽量不改变患者的性格以减轻愧疚感。就像外科医生做手术一样,会尽可能让伤口最小。

◆ 怎样才能知道自己的人生目标

◎ 怎样才能知道无意识的人生目标呢?有什么好方法吗?比如解梦?

遗憾的是自己是无法知道自身的人生目标的。

◎ 为什么不能?要是知道自身目标的话就能自信地生活下去了……

这个很难解释,让我想想。可以回想一下自己小时候立下的长大以后想干什么的目标,其中隐藏着人生目标。

◎您能举例说说吗?

比如我小时候想成为一名设计载着宇航员飞天的火箭工程师,而不是宇航员。这与现在的生活方式是密切相关的,我现在从事的也是帮助人们从不幸通往幸福的工作。

第二章 培养共同体感觉

Q8：个人和集体是什么关系？

◎之前您为我们详细讲解了个人的性格。接下来想请您讲讲个人和社会的关系。家族疗法中会涉及家人之间约定俗成的规则，您能不能给我们详细介绍一下？

阿德勒心理学特别在意规则。美国罗杰斯派称阿德勒心理学为"熊孩子心理学"，因为阿德勒曾经是维也纳平民区的熊孩子头头。罗杰斯派学者认为阿德勒心理学的逻辑基本就是熊孩子哲学——如果你想融入我们的团体就得遵守相应的规则，不然就别怪我把你赶出去。某种程度上来说这种概括还是很符合阿德勒心理学的。

而阿德勒派则把罗杰斯心理学称为"玉米心理学"，因为卡尔·罗杰斯是芝加哥郊外玉米农家的儿子，所以罗杰斯派认为人只要能晒到太阳、有水喝就能活下去。我觉得这种说法某种意义上也是正确的。

需要声明的是阿德勒派和罗杰斯派并没有吵架，美国的这两个学派关系很好。大家权当这是小狗互相打闹嬉戏就好。

总之，阿德勒心理学是很在意社会规则的。

◎规则是指法律、道德之类的吗?

这里的规则既包括明文规定的法律规则,也包括家风等不成文的规定,甚至还包括无意识的规则。

◎我想向您请教的不是法律法规之类的明文规定的规则,而是无意识的且支配着我们的人际关系和行为的规则。

要注意防止陷入无意识至上主义。其实没必要特意把有意识和无意识区分开来,二者虽然分工不同,但并不是对立的……就像场面话和真心话并不矛盾,只不过二者通力合作共同完成一个任务而已。

阿德勒心理学研究运动规则全体,包括个人的规则和集体的规则、明文规定的规则和无意识的规则。我觉得阿德勒心理学并不是所谓的"深层心理学"而是"脉络心理学"。比起探索隐藏在表象之下的深层的无意识,阿德勒心理学更注重研究个人和社会的运动脉络。为了弄清楚运动的来龙去脉,有必要的话也会研究无意识的规则,但不会觉得无意识的东西就"高人一等"。

◎这与研究性格的态度是一致的。

对。阿德勒心理学者认为:个人内在的规则是性格,而集体的性格就是规则。个人心理学同样也适用于家庭、组织、国家等集体。因此,只要法律、道德等对个人和社会运动有约束力的所有规则都是阿德勒心理学的研究对象。

下面让我先来介绍一下国家法律、组织纪律等明文规定的规则。无意识的规则会放在后面讲解。

◆ 如何尽情享受规则

◎说起法律、道德等规则，不知道为什么总感觉被绑得死死的、很不自由，这与心理学疗法追求的人类的解放不矛盾吗？

这是因为你不知道如何尽情享受规则。我觉得人生就像一场游戏，比如足球啊、象棋啊……

享受游戏有三个诀窍。首先要遵守规则。不遵守规则的话就没什么意思了。"马走日、象走田"，不按规则出牌的话敌我双方都会很困扰。其次要认真对待游戏，一旦有人偷懒就没什么意思了。最后，不要较真儿。

◎认真和较真儿的区别是什么呢？

下棋输了就要上吊自杀显然是很蠢的，因失恋、破产而自杀也是一样的。要认真生活但不能较真儿、钻牛角尖儿，不应该对游戏结果太过情绪化。

◎要是能这么想的话就能及时悬崖勒马、远离不幸了。

人生的一切都是游戏，而我们需要做的就只有享受而已。

◎等一下，我有点混乱了。明明觉得您讲得很西式，可细细一品又觉得话题开始偏中式老庄思想了。

现在已经不分什么中式西式了。而且在日本可以轻松获取欧美、印度、中国等各国的文献，既有高质量的译文也有原文。而且日本人同时接受着英语教育和汉字教育。从这些角度来看，对于心理学研究来说日本是再适合不过的地方了，好的东西是不分中式西式的。

　　总之，规则是为了让我们能在集体中幸福生活。为了遵守规则而变得不幸就是本末倒置了。用马克思的话来说就是人类不能反过来被自己制定的规则支配。规则只是人类的道具而已，人不能被规则支配。我们要怀着这样的想法重新审视规则，要意识到它只是人类集体生活中一个有效的工具而已。为让你我能更幸福，就必须要有规则。如果所有人都有共同体感觉的话就渐渐地不需要规则了，但是就我们人类目前发展阶段来看规则还是必要的。性格会在十岁左右停止发展，也就是说我们还都是十岁的小孩。

◎ 人类都"长大成人"的话就不需要规则了吗？

我也不知道，毕竟没有经历过。总之现在还是需要规则的。

一、为什么需要规则?

◎想问您一个愚蠢的问题:为什么需要规则?

在探讨法律等明文规定的规则之前,我们必须先讨论一下人的权利与责任。

你知道吗?在欧洲很多国家的语言里"法""正义""权利"都是同一个词。例如在德语中都叫"recht",法语中都叫"droit"。怪不得法学家们常说没有法律就没有正义和权利。❶ 它们的本质都是相同的。我也认为没有法律就没有权利和正义。即便没有法律也可能有权利和正义,但它们是无法得以实现的。而且不允许出现法律以外的权利和正义,这样只会引发争端。你觉得我们有杀人的权利吗?

◎没有。

这么说的根据是什么?

---

❶ 德语recht、法语droit、拉丁语ius都有正确之意,同时还有法律、权力的意思。单凭这一点足以见得权力在法律中占有多么核心的地位。当然也有人认为:权利包括自然权利、天赋人权等与生俱来的权利,这是先于法律而存在的……但是从法律角度来看,不论是自然权利还是天赋人权都离不开法律,权利都需要法律的认可。用法律的话来说,权利就是受法律认可的人类意志活动领域。——伊藤正己《近代法常识》(有信堂全书)

◎法律禁止杀人，而且杀人有悖道德。

那法律存在之前我们是有权力杀人的吗？战争时期杀的人如何解释？负责执行死刑的警官有杀人权力吗？

◎没有什么杀人权吧，谁会给我们这种权力呢？

我认为我们原则上是有杀人权的。只是一旦这一权利被认可了的话就会危及所有人的生存权，人们不得不每天都提心吊胆。为了所有人的利益还是禁止杀人比较好。于是就让人们在法律规则下放弃杀人、偷盗等权力，交给国家保管。这样我们才得以安心行使自己的权利。

从可能性上来说，确实有先于法律而存在的权利，但这些权利能不能实现就很难说。但法律的出现可以保证我们的权利最大限度地得以实现。当然我们也不得不为此放弃某些权利。放弃的权利转由国家管理，所以国家是有杀人的权利的。例如执行死刑就是国家在行使杀人权。正如法学家汉斯·凯尔森所说的"国家行使权力是为了防止个人滥用权利"。❶

---

❶ "一方使用权利是为了防止另一方滥用权利……法律是为了保证和平的一种秩序，它禁止共同体成员之间互相使用权利……法律会在特定条件下赋予特殊个体某种权力，允许他做出其他情况下一直被严厉禁止的行为……可以说法律将权力的行使集中在共同体手中。也正是这个方法才创造了共同体"。汉斯·凯尔森——《作为社会技术的法律》选自《凯尔森选集 3 何为正义》（森田宽二译 木铎社）

二、为什么规则总是不被人们遵守?

◎人们常说"规则就是用来打破的",为什么规则总是不被人们遵守呢?

规则想要被遵守需要具备三个条件。

第一,内容的合理性。如果人们都觉得规则内容合理,就一定会遵守。像"腰带不得超过两厘米"这种规定缺乏合理性,所以没人遵守。当孩子们问道"为什么不能超过两厘米"时,你无法做出一个合理的回答对吧。只回答"没有为什么,这是规定"是不行的。这类的规则就没人遵守。

第二,程序的民主性。制订规则的程序需要全员参与。至少要让人们有参与制订了的感觉。校规就应该每年都重新制订一遍。如果做不到这一点的话,至少每年都要向新入学的学生仔细说明,确认他们能不能逐一遵守并且让学生们宣誓……如果只发一本学生守则就草草了事的话,学生们是不会遵守的。可如果是自己参与制订的规则的话,就一定会遵守的。

第三,适用的平等性。如果老师禁止学生抽烟自己却在办公室抽个不停的话,是不会有人遵守校规的。"我是大人所以能抽烟,你是孩子所以不能抽"的理论是说不通的。现在的孩子一眼就能看穿这不过是差别对待罢了。

◎大人和孩子都必须平等对吗？

单凭年龄这一理由去划分权利是不合理的。但是我觉得大人和孩子必须享有完全相同的权利同样也是不合理的。一个人的权利应该和他所能承担的责任的大小和质量成正比。我儿子可能无法承担和我同等的责任，所以他的权利也比我少。这种权利多少的差异并不是因为我是大人他是孩子，我和儿子之间是不存在人的价值大小差异的。从行使与自己所能承担的责任相匹配的权利这一角度来看，我们具有同等价值。

◎义务和责任有什么区别呢？

义务是将错误的规则强加在我们身上，而责任则是我们自发地选择要去承担的。那些规定我们要履行义务的规则，激进一点来考虑的话都是错误的规则。它们都会规定"所有人必须做什么事"。包含"所有""必须""应该"的信念体系都是错误的。就像个人性格会出错一样，集体的规则也有错的时候。

◎那该怎么看纳税义务和义务教育呢？

纳税义务本来应该写为"如果你想享受国家的服务的话请缴纳税金，否则国家就会停止为你提供服务"。这样的话纳税就不是义务，而是国民为享受国家保护这一权利而需要承担的责任。这是没问题的。

而义务教育应该写为"国家有为您的孩子提供享受初等教育的义务。也就是说您的孩子有享受初等教育的权利"。这种法律条文规定的不是公民的义务而是国家的义务，我是这么理解的。换言之就是这种法律限制的不是国民的权利而是国家的权利。我觉得这才符合民主主义的基本原理。

在处理拒绝上学的案例时这种思维就显得尤为重要。国家有提供初等教育的义务，而且也建立了学校，虽然还有很多问题但就姑且算完成任务了吧。那当孩子说不想去上学的时候该怎么办呢？孩子有去上学的义务吗？我觉得没有，谁都不能强制他们。他只是主动放弃了自己的权利而已，不应该惩罚他。我们只要鼓励他勇敢地行使自己的权利，为他们创造一个可以安心行使权利的环境就好了。

◎ 那什么样的规则才是好规则呢？

在进入这个话题之前，我们还是先回到权利和责任这个话题。承担了责任就能享受到相应的权利，要想享受权利就得承担相应的责任。如果能保证这一点的话就是平等的。

规则中如果没有贯彻合理性、民主性、平等性的话就不会被遵守。符合该原则的规则就是好的，反之就是不好，不管这个规则是有意识的还是无意识的。

父亲的门禁时间是晚上 11 点，但儿子的门禁时间却是晚上 7 点，这个规则公不公平呢？父亲即便晚上 11 点在外边也能承担自己的责任，而一定年龄的孩子晚上 11 点还在外边的话是承担不了责任的，所以这个规则有可能是公平的。如果父子二人的门禁时间一样的话就不是公平而是无差别，这种规则是不好的，容易引发冲突，而好的规则会让所有人都幸福。

Q9：阿德勒心理学在学校的内部规则

◎个人性格和集体规则是什么关系呢？

集体规则是由个人制订的，所以不论是有意识的规则还是无意识的规则，都会反映出制订人的性格。

而个人的性格是在集体中形成的，所以个人性格中会有集体规则的投影。正如阿德勒所说"环境造就人类、人类造就环境"。

◎没想到这句话还会在这里出现。

先来谈谈"个人造就集体"。人际关系可以分为两大类——横向关系和纵向关系，这两种模式基于不同的性格。依靠纵向关系生活的人会构筑起很彻底的纵向关系，却不会试图搭建横向关系。反之依靠横向关系生活的人也只会构建横向关系。现实中并不存在根据对象不同而灵活构建横纵关系的现象。横向的人对谁都是横向，纵向的人对谁都是纵向。

◎为什么日本人有很多纵向关系呢？

世界各国都是纵向关系。孩子是从纵向角度思考问题的，而全世界的人类都还是个孩子，所以我们都处在纵向社会。

◆ 阿德勒学校有三条校规

关于学习的心理学这几年来取得了飞跃性的进展,但这些成果却没有普及到学校教育上。学校教育还是和一百年前一样,甚至更糟。学校教育不再教技术知识,而且还失去了发自内心的感动。我是自然学科出身,我发现老师们缺乏发现自然法则时的惊喜之情,当然也不能将这种心情传达给孩子。自然科学是一门伴随着感动的科学,我们感慨自然是多么奇妙、感慨人类竟然能知道这么多自然奥秘。

◎ 确实!

阿德勒学校没有任何不必要的强制。所有事物有沿着横向关系推进,孩子们也很积极向上。夏威夷的阿德勒学校工作报告指出:孩子们的学习成绩和普通学校差不多,但却比普通学校的孩子活泼开朗许多。不过我也没有去过,只是在报告中读到,不知道孩子们到底有多活泼。

◎没有校规吗？

有，不过只有三条[1]。新生入学时都会向学生们仔细解释校规的必要性，而且学生们也宣誓愿意遵守校规。学生们不仅会遵守校规，而且也不会做校规并未规定的离谱之事。校规并非强制而是基于合约精神，想必背后一定有很多为贯彻横向人际关系而做出的努力。

◎要是违反了校规会怎样？

没有任何惩罚，老师会和孩子沟通。如果孩子还是不能接受的话，会有咨询师介入沟通。教育中只要伴有一点点恐吓，就会立刻变成纵向关系，所有心血就功亏一篑了。不管你信不信，其实教育并不需要恐吓。阿德勒学校证明了这一点。在恐吓下战战兢兢地接受教育的话，孩子们是不会喜欢学问的，也不可能成为一个勇敢的人，更不会过上幸福的生活。

---

[1] 阿德勒学校有三条规则……一、不对自己也不对他人做任何危险的、破坏学校的事。二、上课期间要在教室（哪个教室都行）里。三、不反抗老师（出去！）的命令且立刻执行。第一条规则的必要性不言而喻。第二条规则中的"教室"是指图书馆、户外学习等有老师的、可以学习的地方。这样一来这条规则的理论也很明确了。上课期间学生不能去卫生间、走廊或是离开学校。第三条规则需要加以说明。老师只能下一条命令，就是让孩子从教室里出去。老师必须用特殊的仪式下达这条命令：默默地指着需要出去的孩子，然后指门。……被赶出教室的孩子可以去规则二所指的任何地方，比如别的班、图书馆、自习室，甚至老师允许的话也可以立刻回到原来的课堂。如果学生觉得老师的命令不合理，可以在下课后进行抗议。Ignas, E.: Individual Education Training Manual (1). The University of Chicago, Chicago, 1977

◎这和现在的学校截然不同。

还有更不同的呢。比如孩子们可以自己选择教室。孩子们可以根据自己的进度挑选教室,比如跟三年级一起上语文课、跟五年级一起上理科课程。将同一内容在同一时期、用同一方法教给所有人这一行为本身就是荒谬的。

这对老师也有好处。教室里的学生虽然年龄不同,但对课程的理解程度几乎是相同的,这样老师就不用担心有人会跟不上进度,可以自由教学了。

◎好希望日本也有这样的学校。

那就给我们投资吧。

Q10: 家庭中有什么内在规则吗？

◎家庭规则也是同样吗？

家庭规则基本上和法律法规一样。家庭关系紧张一定是家庭规则不好。比如夫妻吵架肯定是因为有不好的规则或是因为没有好规则。这种时候只要调整夫妻间的规则，两人就能立刻和好了。

◎如何调整夫妻间的规则呢？

假设有一对关系不好的夫妇上门咨询，想改善夫妻关系。

首先我会让他们说说各自的不满，不过是有条件的。我不想听情绪上的不满，而是想听他们对哪些具体行动有不满。说得直白点就是比如问妻子"您想让丈夫停止哪些行为"，我希望听到对方说"不要一边看电视一边拔鼻毛"之类的，而不想听到"他对我很冷淡"之类的不满。

◎不过，类似"他对我很冷淡"之类的抱怨应该很常见吧。

对。不过这种抱怨方式是解决不了问题的。当遇到类似情况时，我会问咨询者"什么行为会让你感觉到冷淡"，让她告诉我具体行为。

夫妻经常会为了不值一提的小事争吵。比如我就遇到过"我丈夫总会把味噌汤浇在米饭上吃，这让我觉得很恶心""我老婆一天居然要和朋友打两个小时的电话"之类的抱怨。但这种具体到一件小事的抱怨通常不会太多，即便是矛盾很多的夫妻，一旦让他们将不满具体化，就不会有太多抱怨。

◎意外地很少。

不满问得差不多的时候，我就会问他们希望对方做什么。妻子会说"丈夫晚回家我可以理解，但如果知道今天会晚回家的话，希望他七点左右能打个电话告诉我一下"，而丈夫则说"我也不奢望她把家里收拾得一尘不染，但至少每周要打扫一次房间吧"。不过能具体到这种级别的愿望也很少。

然后我就会罗列夫妻双方各自的主张并起草合同。丈夫希望妻子：1. 每天打电话的时间控制在一小时以内；2. 不要在孩子面前数落丈夫；3. 妻子希望丈夫晚回家的话要在下午7点前打电话通知对方。

在起草合同时，我会注意保持平衡，避免对任何一方不利。

◎要平等地限制双方的权利对吧。

对。合同一式三份，丈夫、妻子、心理医生签字盖章后各自留底保存。这份合同会成为新的规则，为了最大限度地保障各自的权利，夫妻双方宣誓愿意放弃自己的一部分权利。以前之所以会吵架就是因为没有明确的规则。制订了明文规定的规则之后，问题也就迎刃而解了。

一开始需要刻意遵守规则，但过一段时间习惯了之后就会自然而然地遵守规则，直至最终不需要明文规定的规则。这种治疗方法虽然很原始，但很有效果。

◆ 理性看待爱

◎违反了规则的话会怎么样呢？

即便一方违背了规则，也不会让夫妻双方擅自处理，而是在下次治疗时一起讨论该如何解决，这样就能防止夫妻吵架了。违反规则的话通常会罚款，比如我会问妻子"丈夫回家晚了，但是下午7点之前还没来电话，您觉得罚多少合适呢"。

◎简直就像商业谈判一样。

这正是该方法的过人之处。人类还没成熟到足以理性地看待爱，但是能理性看待商业问题。如果能尽可能多地将夫妻之间的问题还原成商业问题，就能避开情绪化的争吵、理性地重建夫妻关系。

◎总觉得这样会有点冒犯爱情。

不，这反而是在尊重爱情的神秘感。关系紧张的夫妻经常错把商业问题误认为是爱情。"一边看电视一边拔鼻毛"并不是因为不爱妻子，只不过是没有遵守商业礼仪罢了。错把商业问题认为是"不爱了"，就很难经营爱情。

夫妻疗法的本质是将商业问题放回它原本的位置上去。将不是爱的问题用商业的方法一一处理，直到真爱浮出水面。夫妻争吵是因为爱情受到了商业问题的阻碍。因此只要将商业问题从爱情中剥离出去，真爱就会复活。

◎什么是真爱呢？

虽然老子主张"道可道、非常道。名可名、非常名",但我觉得真爱需要用语言表达出来。

在上述治疗的帮助下,夫妻关系得到了修复,也能渐渐知道什么是真爱。虽然有点自相矛盾,但如果在夫妻疗法中直接对爱情进行治疗的话,大多都会失败。反而是这种对爱只字不提、只解决夫妻间商业问题的治疗方法会让夫妻重拾真爱。爱就是越想抓紧反而失去得越快,放平心态更利于找到真爱。

◎即便有规则,可就是遵守不了规则的时候怎么办?

无论如何都遵守不了的话就说明规则有问题,需要修改规则。

◆ 出轨也属于商业问题吗

◎您在做夫妻心理咨询时一定遇到过出轨问题,您是怎么处理的?

关于出轨问题,一定有很多希望对方做的事情会写进合约。从这一角度来说,处理方式和"边看电视边拔鼻毛"是一样的。明确制订规则,让对方不要再出轨就好了。

◎可对方还是改不了怎么办?

如果能接受的话就继续一起生活,接受不了就选择离婚。不过一边继续一起生活一边天天吵架肯定不是什么好选择。既然选择一起生活的话就要关系融洽地生活下去。

◎出了轨还能继续融洽生活吗?

这个确实不好说,我也不清楚。因为接受夫妻治疗后仍然继续出轨的例子实属罕见。

◎接受治疗就不会继续出轨了?

对,几乎大多数案例都是这样的。其实出轨的一方也有自己的诉求,比如"希望妻子不要不停地数落他"。如果对方能接受这些诉求的话,大多数情况都不会继续出轨。不要只是嘴上说"不许出轨",而是应该让每个家庭成员都觉得在家里一起生活很舒服,这样出轨问题就会自然消失。

◎是吗?

应该是吧。在我们的文化中,夫妻这一契约中包含了"不和你以外的人发生性关系"这一条款,这是社会共识。但如果这个契约是靠嫉妒维持的话,多半会出轨。

◎如果对方出轨了的话就只能忍气吞声吗?

不是不是。我用嫉妒一词只是为了通俗易懂。这里的嫉妒指的是试图用怒气挽回对方的爱情。如果有人大声恐吓你"你应该爱的人是我",你还爱得起来吗?这样的嫉妒是行不通的。如果人在孩提时代有过"只要大喊大叫就能满足要求"的体验的话,就会形成"为了满足自己的要求就要变得有攻击性"的价值观。但世界上唯一不能通过攻击获取的,就是爱情。

◆ **违反规则的惩罚**

假设夫妻中一方出轨了，另一方很嫉妒的话，多半会发生这两种情况：要么就是因为害怕而停止出轨，要么就是因为厌恶反而变本加厉。

◎这两种情况都是有可能的。

不过这两种情况都不好，因为他们之间已经没有爱了。即便不再出轨了也不是因为爱，而是出于恐惧。夫妻之间的问题依旧存在，这也是家庭规则和国家法律的不同之处。

因为害怕惩罚而遵守法律是可取的，当然能发自内心地自觉遵守更是再好不过了。但家庭规则就不同了，因为恐惧所以遵守规则，如果违反规则的话会受到惩罚，这显然已经不是出于爱了。出轨的一方不知悔改的夫妻之间一定有"不遵守规则就会受到惩罚"的无意识规则，所以另一方会心生嫉妒，但嫉妒只会把对方推得越来越远。所以当你被出轨时不应该勃然大怒。

◎那应该怎么做呢？

因为对方违反了"不和你以外的人发生性关系"的合约，所以只要和对方探讨如何赔偿就好。离婚也好、赔钱也好都是一种选择，但切忌感情用事。如果选择继续生活在一个屋檐下，就要融洽相处。

◎好商业啊。

这是在处理夫妻关系中的商业部分，而不是处理爱。合约本来就是商业，即便是关于性的合约。我认为"不和你以外的人发生性关系"

是夫妻间的商业合同，与爱无关。

◎假设丈夫出轨了，您对妻子说"嫉妒也没办法，算了吧"。妻子不会反驳说"明明是他错了，为什么要我忍着"吗？

我会先问她"你觉得这样惩罚丈夫的话他会喜欢你还是讨厌你呢"？她的回答肯定是"会讨厌我"。然后我会继续问"你想让丈夫爱你还是想惩罚丈夫"，她多半会回答"让丈夫爱我"。之后我就会问"那应该怎么办呢"？

◎妻子难道就不会说"道理我都懂，可就是咽不下这口气"吗？

这种情况下我会问"你是想把气都撒在丈夫身上图一时痛快，然后让他讨厌你，还是想让这件事过去，重新赢得丈夫的爱呢"？

◎要是妻子说"凭什么就指责我一个人"呢？

我会说"我谁都没指责，只是在尝试怎样才能让你们和好"。

◎如果她说"您是个男人，根本就不懂女人的心情"呢？

你真是很懂女人的套路。

我们也提前考虑到了这种情况，所以夫妻疗法都是由男女心理咨询师一同进行的。

◎原来如此。

需要补充的是，我并不会差别对待男性和女性，如果出轨的是女方我也会这么问的。男方也好女方也好，如果对出轨心怀嫉妒而责备对方的话，夫妻间就不会有真正的爱。而且我觉得这对夫妻之间可能一开始就没有爱，所以才会出轨。如果夫妻间有真正的爱的话，就不会出轨了。

◆ 文化造就的无意识的性规则

如果男女双方相爱，决定一起生活的话，就必须摆脱嫉妒这种幼稚的感情。

◎可当其中一方惨遭背叛时很难做到不嫉妒吧。

我并不觉得有多难，但确实有的人会觉得很难。

让出轨的一方收心容易，但我遇到很多虽然出轨一方已经收心了，但对方还是无法原谅的例子。这种情况就比较困难。

◎一直都放不下被出轨的事实。

对。可事情已经过去再纠结也没有用啊。即便曾经有"边看电视边拔鼻毛"的坏习惯，但只要改了这个毛病，妻子肯定不会还一直纠结丈夫曾经有这个臭毛病。可为什么一到了出轨这个问题，即便已经悔改还是会一直抓着不放呢？你不觉得很不可思议吗？

◎从想让双方关系保持健康这一角度来看也很理所应当。

世上就没有什么是"理所应当"的。如果有什么事让人觉得理所应当，那一定是我们的文化造成的感觉偏差。也就是说文化中有与性相关的无意识规则让我们变得感情用事。明明已经不再出轨了，可对方还是耿耿于怀也是因为受到文化中无意识规则的影响。

◆ 夫妻间也有纵向关系

这一无意识规则就是"性关系意味着所有关系"。一旦发生性关系，人们就容易觉得"她/他是我的"，这种想法是很不合适的。

即便有性关系，人也不会从属于别人，即便是夫妻。夫妻关系并不是双方互相属于彼此的关系，就算发生性行为对方也不会属于自己。

◎即便双方意见一致也不行吗？

人和人之间互相所有的关系是很可悲的，即便双方对此意见一致或是互相平等地拥有。所有关系不是横向关系而是纵向关系。

◎即便双方意见一致且互相平等拥有也是纵向关系吗？

人和人之间是不能互相拥有的，不论是夫妻也好，亲子也好。

◎可夫妻关系不就是在互相约束的基础上成立的吗？一夫一妻制不就是双方互相约束、保证不出轨吗？

"只和你发生性关系"不等于"我是你的"，也不等于"你是我的"。配偶不是所有物。事情之所以会变得复杂就是因为人们觉得夫妻是对方的所有物。丈夫出轨的话妻子会觉得"我丈夫被人抢了"。这种想法是很幼稚的，就像被人抢走了玩具的孩子，玩具是所有物但配偶不是，被出轨就大哭大闹正是幼稚的所有意识的表现。

马克思曾说"男女关系可以反映出文化的发展程度，也能从中窥见人会不会变得越来越像人"。❶可见我们的文化还很幼稚，我们还没有成为真正的人。

◎原来如此。

爱是建立在横向关系上的。只要纵向关系仍旧存在，所谓的爱就不过是一种奴隶制度而已。如果结婚意味着"让你成为我终身的奴隶，与此同时我也会一辈子做你的奴隶"的话，是很荒唐的。

---

❶ 可以从这一关系（男性和女性之间的关系）判断人类文化的发展程度……男女关系是最自然的人类关系，从中可以看出人类的自然关系到底有多人性化、人类本质在人类自然属性中占多大比例、人类的自然本质对人来说有多自然。同时也能反映出人类的欲求是不是人性、人类对他们的欲求有多人性化、人类对他人的欲求程度、人类欲求的独特性和共通性。——马克思《经济学哲学手稿》

如何处理亲子间的规则?

◎契约疗法同样也适用于亲子关系吗?

当然了。不过在处理亲子关系时要更强有力地教育父母"亲子是对等的、平等的"。夫妻平等已经成为现代社会的共识,但亲子平等还没有充分地深入人心。

◎人们还是很难接受亲子完全平等这一理念吧。

我们并不是在主张"亲子应该平等,亲子平等是事实、是真理",只是在说"认为亲子平等会比较有利于解决问题,不这么想的话问题是得不到解决的"。阿德勒心理学关注的焦点不是"真理是什么"而是"怎么做有利、怎么做才能幸福"。

◆ 亲子间的规则为什么不会被遵守

◎解决问题需要制订规则,为了让人们都遵守规则就需要人人平等。

你总结得很对。光制订规则却不遵守是没用的。如果父母不把孩子放在平等的横向关系里,亲子关系就不会平等。在制订亲子契约的过程中会遇到两个现实问题。

首先，我们需要大幅度限制亲子双方的权利，但父母不愿意放弃自己的特权，孩子只会单方面地陷入不利。孩子必须遵守门禁时间、每天都要学习三个小时、每天只能看一小时电视……但父母却不受限，随便挖苦孩子、电视想看多久就看多久……这种情况下孩子怎么会遵守规则呢？

其次，就算好不容易制订了合理的规则，还是会先被父母打破。因为他们很难抛开特权意识。

◎却还会反过来怪罪孩子？

很多父母会经常说"我家孩子很任性"。但其实认真考虑一下的话绝对是父母更任性。夫妻双方的任性程度是差不多的，但亲子之间绝对是父母更任性。所以夫妻之间可以随时制订契约，而亲子之间的契约就没那么容易制订了，要先对父母进行平等教育才行。每次都面对面教育实在很麻烦，所以我会让他们参加我制订的育儿课程"Passage"。课程结束后开始制订合约。

◎您能介绍一下"Passage"吗？

我们大概会聚集十位家长组成一个团队，学习亲子关系的基本思想和具体的交流方法，每周两小时，一共上八周。

◎制定家庭规则时不需要先诊断无意识规则吗？

比起不符合现状的规则，更多家庭的问题在于根本就没有规则。反正问题家庭的规则都是纵向关系，所以不需要将家庭中现有的无意识规则意识化。我们需要做的是让他们学习横向关系,并且明文规定地制订出合理可行的规则,这样问题就能迎刃而解。

◎就这么简单吗?

原理很简单,家庭心理疗法一般用这个方法就够了。其他学派的心理学者会用很复杂的方法,但并不是所有案例都需要搞得那么复杂。

Q11：什么是无意识规则？

◎您能不能具体讲讲无意识规则？

你对这个问题真是很有执念啊！

◎家庭疗法中的"家族神话"嘛。阿德勒心理学中也有类似观点吗？

阿德勒心理学不会无视无意识，但也没有那么重视。如果人际关系很顺畅的话就没必要检查规则，不论是有意识的还是无意识的。

当人际关系出现问题时，不是这个人的性格有问题就是集体规则有问题。所以需要检查其中一个，或者两个都要查。先从哪方面下手要具体情况具体分析。

原则上来说，在处理夫妻矛盾或亲子矛盾时，如果当事人双方都在场的话就先确认规则，如果只有一方在场的话就先确认个人性格。

◎为什么呢？

治疗师只能治疗在心理治疗现场的人。如果拒绝上学的孩子的母亲前来咨询的话，我们就会通过诊断母亲的性格来改善。

◎ 不诊断孩子的性格，而是母亲的性格？

对，这也是一个特点。虽然无法通过母亲远程遥控孩子，但如果父母没有变化的话孩子也不会改变。而且原理上也无法仅凭母亲的描述就能诊断出从未谋面的孩子的性格。

◎ 推测不出来吗？

推测不出来。我们只能从母亲对孩子性格的描述中诊断出母亲的性格。比如从母亲"我家孩子任性、爱反抗"的描述中，可以诊断出她很强势、支配欲强。因为她在说"孩子应该配合我的喜好，不许反抗我的命令"，但无法判断出孩子的性格。

我们只能诊断眼前的人。不管这个人在讲谁的事情，他的发言都只能反映他自身的性格。

◆ 家庭是一个不可分割的整体

◎ 如果亲子双方都在场的话会分析双方的性格吗？

不，如果亲子双方都在场的话就不会把问题的焦点放在每个人的性格上，而是将问题聚焦于亲子规则。因为家庭是一个不可分割的整体，而不只是个人的集合。即便知道每个家庭成员的性格，也无法知道整个家庭的性格，也就是家庭规则。所以如果家庭成员都在场的话会将个人性格放在一边，先关注家庭规则。行不通的时候再根据情况分析个别家庭成员的性格。

◎个人治疗和集体治疗哪个更好呢？

当然是亲子双方都在场的集体治疗更好了，但现实情况是亲子双方很难同时在场，家庭成员全体都到场就更是难上加难了。还是只有一位家庭成员，或是部分家庭成员（比如母亲和儿子）到场的情况比较多。

◎您觉得没必要像系统型家庭疗法那样经常召集家庭全员吗？

并不是必须条件。当然，家庭成员都能聚集在一起的话就再好不过了……如果当事人都在场的话会按以下三个步骤确认家庭规则。

如果有明文规定的话，先从明文规定开始确认。但很多家庭都没有明确的规则，大多家庭都没有适用于所有家庭成员的规则。由于没有规则，每个人都会随心所欲地按着自己的性子来，自然容易引起冲突。

第二个阶段就是制订新规则。我们在诊断家庭内是否存在不成文的规定前，就向家庭成员们推荐合理的、民主的规则。大约90%的案例都会就此得到解决，几乎不需要再分析家庭内的不成文规定。

◎是吗，原来是这样啊……

怎么觉得你很失望呢。在阿德勒心理学疗法中，只会在有必要的情况下才会做诊断。出于个人兴趣而窥探别人内心是不礼貌的。这一原则既适用于个人疗法也适用于集体疗法。

有必要对个人性格进行分析诊断的情况相对较多，但集体疗法就不同了，就我个人经验来看，几乎没有什么案例是非要先诊断再治疗的。我们只会在无论如何都无法制订新规则或是新规则无论如何都无法被遵守的情况下，才会开始怀疑是否有错误的不成文规则从中作梗。这时才会迫不得已地进入第三阶段——寻找不成文规则。

一、如何调查无意识规则？

◎听起来好有意思，您是怎么诊断无意识规则的？

我会从"价值观"和"氛围"这两个方面去诊断。举例来说，价值观就是有的家庭觉得"学历很重要"，有的家庭觉得"金钱都是肮脏的"。这相当于个人性格中的"自我理想"，对于集体来说则是共同理想。

氛围就是为制订规则而存在的规则，如果能知道价值观这一集体共同理想，并且能了解到氛围这一规则制订程序的话，剩下的问题自然就迎刃而解了。一般来说，价值观和氛围都是由有意识和无意识两个部分组成。

二、集体规则对个人有什么影响？

◎集体的无意识规则肯定也会影响个人性格的吧？

人一旦开始在集体中生活，就会短时间内顺应集体规则，改变个人性格。越是无意识的规则影响力就越大，因为无意识规则不会被反省，所以会直接跳过理性检讨的环节，变成"理所应当"。集体规则也就烙印在了个人性格之中。

◎入乡随俗？

对。每当我们加入一个规则不同的新集体中，小孩自不必说，大人也会非常轻易地就改变自己的性格。

◎很多人深陷迷信诈骗的骗局不能自拔，不惜将大额资金投入其中，这也是……

人一旦陷入扭曲的体系里，就会在短时间内迅速与社会常识脱节。毕竟社会常识也不过是一种普遍共通的不言自明的体系而已。

◆ 集体疗法的极限与理想状态

集体疗法之所以有效，是因为"人类对集体文化的抵抗力很弱"，性格会在短短几天的治疗中轻易改变。

◎集体治疗这么厉害，也是有点可怕。

如果被恶意利用了的话确实很可怕。不过集体疗法的治疗者最终还是会回到社会中去的，性格也还是会恢复原样，所以无须担心。

◎也就是说集体疗法的效果消退得很快？

越是脱离社会共通常识的集体疗法，其效果就越容易消退。所以集体疗法必须先了解患者所处的社会环境，容易被该环境接受的行为模式，然后再设计出与其相适应的集体疗法。

但集体疗法如果与现行社会规则完全一致的话，就没什么效果了。集体疗法必须构建出被社会遗忘但又是人类生活所必需的并且容易被社会接受的生活方式。简而言之，就是必须组建一个互相帮助、互相信任的集体。

◆ 价值观和氛围对个体的影响是不同的

◎请您再详细讲讲集体规则和个人性格之间的关系。

价值观和氛围对个人性格的影响方式是不一样的。

价值观会让人选择"Yes or No"。如果一个家庭的价值观是"金钱很重要"，那这个家庭一定能养出认为"金钱很重要"的孩子，培养不出认为"金钱毫不重要"的孩子，也培养不出"对金钱不置可否"的孩子。

集体价值观逼迫个人在是与不是之间明确表态，不允许人们保持中立。因此，集体价值观的压力越强，是或者不是的表态就越是极端，中立自然会消失不见。所以才会有老师家的孩子拒绝去学校上学、警察家的孩子走上犯罪道路的极端事例。

◎真是很讽刺。

而氛围大多会被不加批判地全盘接受，比如暴力的父母必然会培养出暴力的孩子。

◎这是为什么呢？

原因之一是因为暴力不太容易被意识到，还有一个原因是人们没什么机会真正了解到其他集体的氛围，尤其是夫妻关系和亲子关系。我们知道父母的夫妻关系，却不知道除此之外的夫妻关系都是什么样的，哪怕是自己的兄弟姐妹或是亲戚。我们熟知自己与父母的亲子关系，却不曾体会过除此之外的亲子关系。所以结婚之后人们会倾向于做出和父母相似的举动，尽管他时刻告诉自己"我才不要成为像父亲那样的丈夫或者爸爸"。

单凭下定决心"不做某事"的话，这一行为是戒不掉的，必须要告诉自己"不做行为 A，而是做行为 B"。但由于我们对自己和父母以外的夫妻关系、亲子关系一无所知，即便想改变也无从下手，就会在不知不觉中重蹈覆辙。

Q12：什么是共同体感觉？

◎"共同体感觉"这个词已经出现了好多次，您能告诉我们什么是共同体感觉吗？

阿德勒认为共同体感觉有三个要素。第一，认为"我是共同体中的一员"的归属感。第二，认为"共同体对我有帮助"的安全感、信赖感。第三，认为"我对共同体有用"的贡献感。

◎以上三点就是共同体感觉的定义吗？

我觉得不是定义，而是说明。要定义共同体感觉是很难的，而且我觉得即便用语言为共同体感觉下定义也没什么用，重要的不是讨论什么是共同体感觉，而是如何实现。

◎不立文字？

老子不也说"道可道、非常道。名可名、非常名"嘛。阿德勒心理学治疗的终极目标是树立共同体感觉，但这绝不是口头呼吁大家"共同体感觉是什么，我们一起努力、树立共同体感觉吧"。心理治疗是为了让患者体验到什么是共同体感觉的一种手段，重要的不是动嘴皮子讨论，而是设计好各个环节，让患者实际体验。

◎比如通过集体治疗？

对。我觉得只有在真正体验过之后，才能用语言去描述什么是共同体感觉。我认为共同体感觉无法用语言定义，只能去体验。但体验过之后，总能找到一两个词来形容它是什么感觉。

让没吃过鹅肝酱的人描述鹅肝酱的味道很难，但只要带他们去法式餐厅吃一次就知道是什么味道了，吃过之后就一定能想出描述鹅肝酱味道的词。阿德勒关于共同体感觉的三要素也是同理，并不是说知道了三要素是什么就代表你知道什么是共同体感觉，还是要切身体会才行。

◎吃过了才知道，听起来就很神秘。

当然了，在吃之前先讲解一下也并不是毫无意义。适当的事先说明有助于勾起人们的食欲。所以我也会对共同体感觉的三要素适当地加以解释，不过我的解释和阿德勒的解释稍有不同，希望能更加通俗易懂。

要素一是"我喜欢自己"的自我接纳；要素二是"人与人之间是可以相信"的基本信赖；要素三是认为"我是有用之人"的贡献感。

◆ 自我接纳一定很难吧

◎我觉得阿德勒的解读和您的解读之间最大的不同就是"喜欢自

己"的自我接纳。自我接纳是心理疗法的关键，对于会的人来说是小菜一碟，但对于不会的人来说却比登天还难。

因为我们一直以来接受的教育都是"要谦虚自省、不能自满"。

◎还会被教育要"不懈努力，完不成目标的人就是弱者"。

对，我们已经习惯了先设定一个理想，然后根据理想与现实之间的差距去评价自己的价值。有理想当然是好的，但同时也应该意识到理想其实并不是真实存在的。

理想只存在于我们的脑海之中，而在客观世界中真实存在的只有现实中的自己。切忌忘记这一点，一味地用现实与理想的差距给自己打分，这样的话，你的分数永远都是负数。

◎容易产生自卑感。

自卑感的定义就是"理想与现状认识之间的差距"。不过自卑感一词在现代阿德勒心理学中并不常用。

◎自卑感不是阿德勒提出来的吗？

准确来说是由法国精神病医生皮埃尔·让内（Pierre Janet）提出的，其中一部分演变成了阿德勒心理学的特征，不过这一概念并不是必要的。

◆ 治疗就像一场游戏，不用太过较真

◎总之，不能用现实与理想之间的差距做减法打分，不论是给自己打分还是给别人。比如在育儿过程中就不能在脑海中勾勒出一个理想婴儿该有的样子，然后对照着理想给现实中的宝宝打分。不然的话宝宝永远都只能得负分，最终信心受挫、丧失勇气。

夫妻关系也是如此，不能照着理想伴侣的模样给现实中的伴侣打分。我碰到一个很有趣的案例。一位妻子找我咨询夫妻关系，她说"丈夫特别孩子气"。自己跟丈夫吵闹撒娇时，他居然真的会生气。男人不应该有包容心吗？当妻子吵闹撒娇时就应该哄她才对啊？

听过她的抱怨之后，我说："您有没有可能不出轨啊？"这位女士当然会说："我没有出轨啊。"我乘胜追击地说："不，您出轨了。您和一位叫作'理想的男性'出轨了。还是把理想男士放在一边，用心琢磨一下怎么和现实中的丈夫和睦相处吧。"

◎这也算是治疗吗？

治疗就像一场游戏，需要认真对待，但不能太过较真，幽默是摆脱过分较真的重要工具。日本的阿德勒心理学有初级、中级、高级三个级别的资格考试。初级只考笔试，而中高级还有口试❶。

中高级考试的口试经常会要求考生就具体案例进行性格诊断或是

---

❶ 2016年起改为"家庭咨询师""心理咨询专家""心理疗法师"三个级别，每个级别均有实操考试。

制订治疗计划。其中最常出现的问题就是"请讲两个适合用在该案例的笑话"。说俏皮话、讽刺挖苦都会不及格,只有具备真正的幽默才能及格。

◎日本人最不擅长的就是讲笑话了。

所以中高级考试的合格率很低。总之,结婚了就不应该出轨,不论是和理想的丈夫还是和理想的自己,因为理想的自己根本就不存在。理想就像地平线一样,当你到了之后却发现它又在更远的前方。人注定永远都是无法成为理想的完美的自己,我们要有接受不完美的勇气。

◎可放弃理想的话,不会停止成长吗?

要明白理想只是我们的一个工具,而且我并没有说要放弃理想,只是说不要对理想太过执念。在明确区分什么是现实什么是空想的前提下,有自己的理想还是很美好的。

自我接纳并不是抛弃理想,而是在知道什么是空想什么是现实之后,仍旧会喜欢现实中的自己。在此基础上仍旧有自己的理想,并且自主决定今后的人生方向。所以自我接纳并不等于为人生按下暂停键,还是会追求人生目标的,只是不会对理想太过较真,而是会像对待游戏一样以一个轻松愉悦的心态去追求理想。理想能否实现并不重要,重要的是能在追逐的过程中收获快乐。

◎要清楚地认识到不可能有理想的自己对吧。

还不至于不可能吧,但至少目前是不存在的。这就要看你是会选现在已经存在的东西还是不存在的东西了。如果非要在今天的几百块和明天的一千块中选择的话我可能会选今天的几百块，这就是典型的大阪人吧。而且，不珍惜眼前几百块的人，未来也是赚不到大钱的。

◎可人也会因为理想没实现而失落啊。

没实现反而更好，有生之年理想已经实现的话反而会很困扰。要是该做的事情都做完了可寿命还有二三十年，接下来的日子该做什么呢？只剩下坐吃等死了。可能在大业将成之际倒下才是人生的美妙之处吧。

◆ 用已有工具解决问题

◎生活中经常会有人说很讨厌不能在众人面前开口说话的自己。您会给这些没有接纳自己的人什么建议呢？

就像打高尔夫球，如果你很讨厌自己的已有装备的话是不会取得好成绩。所幸的是，网球拍、高尔夫球杆之类的工具都能到体育用品商店重新购置……但人生游戏中的道具，也就是身体和心灵是没法重新购置的，必须用已有的道具去完成游戏。所以我们不能抱怨自己已有的道具，否则是玩不好人生游戏的。每个人都是不合格商品，因为人本来就是不完美的。

◎人不是神。

对。你无法将在众人面前会紧张脸红的自己换成另一个自己。你的任务就是如何利用好容易紧张这一工具。

想要得到对的答案得先问对的问题。如果你问的是"怎么才能让现在的自己更接近理想的自己",那你永远都得不到正确的回答。必须要有"如何充分利用现在的自己,才能最大限度地获得幸福"这样的提问意识。

一、什么是信赖他人？

◎接下来请您讲讲共同体感觉的第二个特征"信赖"。

我觉得"信用"和"信赖"是不一样的。信用人人都用，但要做到信赖就很难了。

比如去银行贷款，信贷员肯定是不信任贷款人的，觉得"他一定会赖账"。但当我们出示抵押房产等资料，证明自己有偿还能力时，就会产生"信用"，信用是需要条件和根据的。

但信赖是即便没有证据表明对方的信用，还是会发自内心地相信对方。会放心地将支票交给对方让他随便用，相信他不会乱花。

◎信错人的话可是要倒闭的。

我肯定不会奢求银行员工能做到这个份上，这简直就是天上掉馅饼。在工作关系中做不到如此高度的信赖也是很正常的。

我关注的是亲子关系、夫妻关系、师徒关系等以爱为前提的关系。信赖对于这些关系而言必不可少。问题少年的母亲经常会说"自己被孩子背叛了"，但我并不这么认为。孩子也想回应母亲的期待，只是不知道该如何回应或是失去了能回应这份信赖的自信。只要父母能一直保持着这份信赖，那孩子终有一天能做到不负信赖。

所以我会告诉父母和老师他们并没有被孩子欺骗，只需要做好会被骗一百次、两百次的心理准备。如果父母老师能在被骗很多次之后仍旧选择继续相信,孩子肯定不会一直欺骗他们。孩子之所以会选择欺骗是因为父母、老师会怀疑他们。

◆ 嫉妒心重的妻子和毫无嫉妒心的妻子

假设有一位嫉妒心很重的妻子,她的丈夫一般都会六点回家,但只要回家晚半个小时,妻子就会急到发狂。丈夫告诉她:"你想想看,晚个三十分钟也不够出轨啊。"但妻子却说:"那可说不定。"

有一次,丈夫公司的女下属找他商量事情。丈夫抱着助人为乐的心情热心帮部下解答,不知不觉就到了晚上八点多,女下属也流露出一丝暧昧的气息。这时丈夫可能会想:即便我现在就回去,她肯定也会大声呵斥我"你肯定出轨了,负心汉"。那我该……你觉得这个丈夫会做出什么决定呢?

◎可能会出轨吧。

很有可能。而这对夫妻的隔壁还住着另一对夫妇,这位妻子却一点都不嫉妒。即便发现丈夫衬衫上有口红印,也只会说"肯定是电车太挤不小心蹭到的,你每天上班一定很辛苦吧"。

◎要是现实生活中真有这种理想太太就好了。

如果这家的丈夫也遇到相同情况,他肯定会这么想:即便我现在就回去，妻子肯定也会在门口迎接我，并温柔地对我说"工作到这么晚才回来真是辛苦你了"。那我该……

你觉得这位丈夫又会如何选择呢？

◎可能也会出轨吧。

到现阶段为止二人很可能都会出轨。随着时间的推移，如果两个人中有一个会继续出轨，有一个会迷途知返的话，你觉得谁会停止出轨呢？我认为一定是妻子不嫉妒的隔壁家丈夫。即便在外边很晚才回家，妻子还是每次都会在门口迎接自己，并温柔地对自己说"工作到这么晚真是辛苦你了"。这是哪个男人都无法忽视的，他一定会觉得不能背叛这么好的女人。

◆ 要做好被骗的心理准备

要是真有这样的妻子的话简直就是无坚不摧……现在你知道什么是信赖了吗？

◎哪怕是被丈夫骗了很多次，妻子还是会完全信赖丈夫，所以丈夫自然就无法背叛妻子了。

要做好会被配偶、孩子骗一辈子的心理准备，这就是信赖。你一直信赖对方，对方最终就一定会回应你的信赖。只有自己完全信赖对方，对方才会同样地信赖自己，否则对方是绝对不会信赖你的。

举个例子，每当孩子的举动不合老师和家长的心意时，他们经常会说"你辜负了我对你的信任"。其实这样的老师、家长并没有完全信任孩子，他们只会在孩子的行为符合自己的期待时才信任孩子。不过是将自身期待强加在孩子们身上罢了。这就像刚才举例提到的银行信贷员一样，本质上还是不信任的，难怪孩子会背叛他们。

◎虽然这个道理人人都懂，但实际执行起来还是很难的吧。

你要是这么跟阿德勒心理学者说的话，他们一定会说"看来你是不想做喽"。

孩子们并不是心怀恶意，故意做老师和家长不喜欢的事。他们也想和社会和谐相处、幸福生活，他们也不想伤害别人。当他们想要幸福生活的理念和老师、家长们强加给他们的意愿互相矛盾时，一些孩子会选择自己所相信的道路，我觉得这是很了不起的。不会对老师、家长唯命是从，而是会自己选择自己的人生道路，这是非常正确并且需要很大勇气的。

◆ 即便孩子的选择是错的

◎可孩子也会选错啊。

确实，谁都不知道孩子选的路是不是真的对。但谁又能保证父母、老师强加给他们的道路就一定是正确的呢。而且人只有失败了才会从中吸取教训。当自己选择面临失败时，孩子们一定能从中学到很多东西。

可如果孩子们听了父母的话结果还是失败了,他们就会觉得"都是因为听了你的才会失败",会把责任推在家长和老师身上,不会从失败中吸取任何教训。而且就算听了父母、老师的话获得了成功,孩子也会觉得"我无法自力更生地解决问题",从而丧失自信。

二、不良少年的行为也是正确的吗？

◎如何把握好对年轻一代的信任程度还是很重要的。

我很喜欢和阿德勒同一时代的作曲家古斯塔夫·马勒。据说每当年轻作曲家拜访他时，他们都会进行激烈的争辩。马勒的作曲风格偏保守，无法赞同当时前卫的年轻人。但据说他会在年轻作曲家们回去以后说"他们肯定是正确的，因为他们比我年轻"。从原则上来说，年轻人永远都是正确的，因为下一个时代是由他们创造的。

◎那不良少年呢？他们的行为也是正确的吗？

人类做坏事不是因为掌握了做坏事的方法，而是因为不知道正确的做法才办了坏事，所有的行为其实都是出于善意的。

人生的终极目标一定是向善的。毕竟不会有人活着就是为了变得更惨、更不幸。追求幸福生活是很美好的。不良少年其实也想活得幸福、不想伤害父母和他人。可他们却不知道自己该怎么做，于是就在困惑之中做出了异常的举动。目的是好的，只是选错了方法。

◎您这简直就是伟大的乐观主义。

倡导信赖的阿德勒心理学工作者怎么会不信赖别人呢。孩子们做出某种行为的目的一定不是为了伤害别人，而是为了追求自身的幸福，只是他们追求幸福的行为偶尔会产生伤害别人的副作用。之所以会有副作用,是因为他们不知道如何能既不伤害别人又获得自身幸福。

◎既不伤害别人又让自己幸福的方法一定很难吧。

也没有那么难,只是一种技术而已。虽然需要系统性的学习,但只要肯学的话谁都能掌握。我也会举办以人际关系为主题的讨论会,相信参加了讨论会之后,你一定会更擅长如何在不伤害别人的前提下表达自己的观点。

◆ 没有叛逆的孩子,只有强势的大人

◎可是有时候孩子会变得很叛逆,故意伤害老师、家长。

那一定是因为在此之前老师和家长已经伤害他好多次了……并没有天生叛逆的孩子,只有从一开始就会给孩子强行施压的大人。当孩子们终于承受不住的时候就会选择反抗。

◎那又该怎么解释叛逆期呢?

要是大人不强行施加压力的话,孩子就不会叛逆。如果采用阿德勒式育儿法的话,即便到了青春期也不会叛逆。

◎会一直很顺从吗?

阿德勒式育儿法旨在培养自立的、有点"骄傲"的人,肯定不会

很顺从啦。不论大人们怎么说,"阿德勒孩子"都会做自己认为正确的事。不过,"阿德勒家长"不会对此过分指手画脚,孩子们自然也就不会采取破坏性的报复行为去反抗。

◎孩子们之所以会叛逆,是因为家长、老师对待孩子的方式不对。

正是。

◎抛开在阿德勒式教育中长大的孩子不谈,社会中很常见的令人头疼的熊孩子们的行为也是出于善意的吗?

虽然有的孩子会采取报复式的行为,但我认为他们的根本目的是为了改善和父母、家长之间的关系,出发点是善意的。

只是他们觉得采取有建设性的、平和的方法无法实现这一目的,于是就选择了破坏性的行为。他们担心如果自己不采取破坏性的行为去反抗的话,就会被完全支配或是被完全抛弃。

他们能想到的唯一既能和大人保持关系,又不让大人入侵自己领域的方法就是采取破坏性的反抗。他们还没掌握和大人相处的正确方法,不过没关系,因为方法是一学就会的。不知者无罪,更何况大人没有教会他们正确方法也是有责任的。

◎人们经常会说"对孩子好的话他们就会蹬鼻子上脸",这种说法是错的吗?

现实生活中确实有类似的案例。这是因为孩子们在此之前一直处在不断受罚的教育之下,突然不惩罚的话他们反而不知道该如何是好,就会做出奇怪的举动。

有一位保育员到我这里做心理咨询。她所在的幼儿园为每个班都配置了两名保育员,她班上的另一位保育员很强势,孩子们自然也就跟那位保育员不太亲近。而来咨询的这位保育员人很温柔,孩子也很喜欢跟她在一起。问题是一旦凶凶的保育员请假不来上班,班里就会变得一团糟。

◎肯定是因为她太温柔了,孩子们就会小瞧她。

她的上司也是这么说的,这令温柔的保育员很是苦恼。

◎原来如此。那这位温柔的保育员该怎么办呢?

可能会有点偏离今天的话题,但其实这位保育员自身也有问题。她太温柔了,会全盘接受孩子们的所有行为。她的做法不是教育,而是放任。教育需要积极传授正确的做法。

◎也就是说不仅不能施加高压,还必须教会孩子们正确的做法。

高压是教不会孩子的,他们的行为不过是出于恐惧罢了,久而久之孩子们会失去独立解决人生问题的能力。纵向关系是教育不了别人的,只有横向关系才可以。

◆ 什么是贡献感

◎接下来想请您谈谈什么是贡献感。

幸福不仅需要喜欢自己、信赖世界,还需要感觉到"自己应该是有用的"。这是我从一位患者身上学到的。

　　这位患者是个中年男性，他是有钱人家的独生子，父亲在他上大学的时候去世了，把财产和公司都留给了他。

　　这家公司一直做着祖祖辈辈传下来的事业，到了父亲这代成立了公司，原先的掌柜们已经成了现在的专务。父亲死后，他们对少爷说："少爷，您不用来公司上班，我们会打理好的。工资也会照常付给您。"他们都是跟随公司打江山的元老，是值得信赖的。

　　于是少爷就成了挂名社长，过起了优哉游哉的生活。大学毕业后他也会到公司来上班，但并没有什么事可以做，和元老们之间也多少有点拘束。于是他就过起了游手好闲的生活，沉迷于喝酒、赌博、购物。但他也不是赌博的那块料，逢赌必输，很快就失去了兴致，悠闲的生活也是没过多久就厌倦了。

　　唯一剩下的就只有喝酒。只有酒还愿意陪着他，很快他就患上了酒精依赖症，喝坏了肝。在内科医生的介绍下到我这里做心理咨询。不过这种酒精依赖症是治不好的，因为他对这个世界来说是可有可无的。他并不讨厌自己，也很信赖身边的元老们以及其他人。他觉得自己就是个酒囊饭袋，对别人来说没什么用处。清醒的时候一想到这里就很痛苦，所以才会不停地喝酒。

◎也就是说他只有在喝酒的时候才会感到幸福？

　　人骨子里都是贫穷的命，不工作不行。要是觉得自己毫无用处的话就会变得不幸。

　　有个老奶奶得了老年痴呆症。患病之前她是很精干的，但现在却只能一天到晚盯着电视。起初，支撑老奶奶活下去的信念是"得活到孙子上大学"。孙子上了大学之后，奶奶让孙子戴学生制服帽给她看。这可难住了孙子，这都什么年代了谁还戴学生帽啊。不过孙子总算是顺利买到学生帽完成了奶奶的心愿。后来奶奶又鼓励自己"怎么着也得活到孙子大学毕业顺利找到工作"。孙子毕业后，奶奶鼓励自己"要活到孙子结婚"。孙子结婚后，奶奶的目标变成了"要活到曾孙出生"。曾孙出生后，老奶奶又鼓励自己"要活到曾孙上小学"。

人就是这样，一旦完成了目标，就会立刻立下新的目标。曾孙上了小学之后，老奶奶再也没有目标了。她觉得"这世上已经没什么我能做的事了"，觉得自己没什么用了。于是她很快就变得痴呆了。一旦失去了需要担心的事她就变得无事可做了，只能一天到晚盯着电视发呆。

这样的生活持续了两年左右，老奶奶就去世了。老奶奶去世后，一家人的关系变得生硬起来。老奶奶就像天皇一样，象征着一家人的统一。失去了这一象征之后，家人们总觉得缺少了什么。

◎ 原来是这样。

老奶奶不过是对着电视发呆，但却有很大的贡献。我总觉得如果家人们能早点察觉到这一点，不停地鼓励老人的话，老奶奶也许就不会得老年痴呆呢。

我举这个例子是想说：贡献感是一种主观的感觉。重要的不是客观做了多少贡献，而是觉得自己做贡献了。

人的价值不能仅凭生产性来衡量。老奶奶已经习惯了用生产性来衡量自己的价值，因为她从小到大受到的教育就是这样的。当生命到达最后阶段，自己完全丧失生产性的时候，老奶奶是悲伤的，她决心让自己不要看到这一现实。

◎就变得痴呆了？

对。老人的痴呆当然有大脑老化的因素，但我觉得也有心理因素的影响。

◎老奶奶的故事就先告一段落。我们应该进一步了解一下什么是"无用之用"。日本人知道很多"无用之用"的案例，比如僧人良宽、三年寝太郎。

良宽看上去好像并没做什么，只是在和小朋友玩而已，但他却有令人不可思议的贡献感。只要读读他的文字就不难发现这一点。比如"裤裙太短上衣太长，总是吊儿郎当地走着。在路边玩耍的孩子们看到我就一起拍手唱起了毬歌"[1]。字里行间都能感觉到他很开心。

◎感觉自我接纳和贡献感还是有相似之处的。

要想发自内心的喜欢自己就需要觉得自己是有用的。而且有用是对世界有用，所以还得喜欢这个世界。如果一个人讨厌全世界的话，是不会想着要对世界有用的。

自我接纳、信赖他人和贡献感其实是一回事，它们都是共同体感觉的不同侧面而已。只有自我接纳的人才会喜欢这个世界，只有喜欢

---

[1] 裙子短兮裨衫长，腾腾兀兀只么过。陌上儿童忽见我，拍手齐唱放毬歌。良宽《腾腾》。

世界的人才会觉得自己对这个世界是有用的，而世界也只会对这样的人回报同样的爱。共同体感觉就是这样一个神奇的、自我与世界的互相感应。

◎哇哦，好神秘的感觉。

我不过是换个说法概括了一下刚才讲解的内容而已。

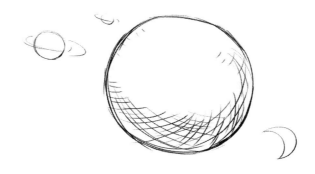

Q13：什么是共同体？

◎阿德勒心理学所说的共同体等同于现实社会吗？

完全不同。虽然阿德勒心理学内部对共同体的定义有分歧，但没有一个人觉得共同体等同于我们目前的现实社会。

◎那共同体是虚构的吗？

如果要从客观领域的角度来定义共同体的话，那么最狭义的定义就是人类全体，过去、现在、未来的所有人类。所以共同体感觉就是作为全人类一分子的感觉。这里的全人类可以向上追溯到亚当夏娃的远祖、向下追溯到未来子孙。这是共同体感觉最狭义的定义。

◎这就已经足够广泛了。

这一定义是由阿德勒心理学芝加哥学派创始人鲁道夫·德瑞克斯❶

---

❶ 鲁道夫·德瑞克斯（Rudolf Dreikurs 1897 — 1972）美国精神病医生、奥地利生犹太人。师从阿德勒，后来主要活跃在芝加哥。阿德勒去世后接下了阿德勒心理学的重担。著有《鼓励孩子学习》（Encouraging Children to Learn）等。

提出的。他绝对是个实践派，不会搞一些假大空的东西。我是他得意门生伯纳德·舒尔曼（Bernard Shulman）的徒弟。据舒尔曼说：德瑞克斯的"全人类"不只是现在活着的人们，而是指过去、现在、未来的所有人类。总之，这是共同体感觉❶最狭义的定义。

◎最狭窄的定义就已经是全人类的话……

最广泛的定义就是全宇宙，包括所有活着的和已经死亡的宇宙全体。

◎这是阿德勒心理学全体的见解吗？还是个别派别的见解？

认为共同体是宇宙全体的有欧文·韦斯伯格等人。❷如果基于这

---

❶ 共同体感觉并不只是单纯地指从属于某团体、某阶级的感觉，也不只是对某民族、某国家的忠诚心。阿德勒关于共同体感觉的见解总是被人们误解。不同团体间经常会有利益上的对立，这种情况下的共同体感觉是立足于更高一层的团体利益之上的……我们会不惜一切援助，以期能发现一个能涵盖全人类的共同体概念。——Dreikurs, R.: Fundamentals of Adlerian Psychology. Alfred Adler Institute of Chicago, Chicago,1953.

❷（阿德勒）并没有将共同体、共同体感觉局限于人类共同体，而是用共同体一词来表示和我们有关的一切……在阿德勒心理学者中，特别是韦斯伯格就已经使用了扩大了的共同体的概念。他认为"如果我们只和人类产生交集的话，是不足以超越自身的壁垒的。人之所以能既扩充自己又忘却自己，就是因为身处于自然之中。共同体应该包括无生命物"。

而且路易斯·威也认为：共同体不仅仅指人类社会，还包含着与全宇宙合一的态度。共同体不仅包含着对人与人之间的爱，还有对自然的爱、对无生命物体的爱。是基于人类美学之上的对天空、海洋、大地的亲近感……共同体感觉是"互相感应"，是我们和对人类友好的宇宙之间的互相感应。（Ansbacher, H.L.:The Concept of Social Interest. J. Individual Psychol.,24(2),131-149,1968.）

一定义去定义共同体感觉的话，共同体感觉就是"宇宙意识"了。总之，共同体感觉绝不只是所谓的社会性、社会适应度这么狭隘。

如何构建理想的共同体?

◎我们应该回归的共同体是已经存在的了吗?我并不这么觉得……

客观的共同体已经不存在了,留下的就只有满是问题的社会。共同体近期之内是不会实现的,而且恐怕永远都难以实现。我觉得不论是现在还是将来的某个时间,共同体都不太可能真正存在。

◎能不能建立起一个共同体性质的社会呢?

我并不是一个乌托邦主义者。其实从某种角度来看的话,共同体是已经存在着的。我们只要静下心来思考,就能知道对于共同体来说什么是建设性的,什么是破坏性的。也就是说,共同体已经存在于我们之中。

共同体并不是某种有形的事物、人类、宇宙,而是存在于我们对待它们的态度之中。当我们向世界发出"我喜欢你"的信号时,世界也会回报给我们同等的善意,这就是共同体。共同体并不是外在制度,而是存在于每个人内心的精神姿态中。所以你无法在外部世界构建一个共同体,而只能从个体内部发现共同体。就连一部分阿德勒心理学者都还不懂这一道理。

◎这一点确实很难懂,就像悟禅一样。

其实很好懂。在共同体之前先有共同感觉的概念——爱所有存在,就会同样收获到来自所有存在的爱。仅此而已。

跟阿德勒心理学所有的核心概念一样，共同体不是物，而是事；不是具体的形状，而是无形的影响；不是客观的绝对存在，而是主观的赋予意义。

◆"树"是什么时候"完成"的？

◎我懂了。那怎么才能发现共同体呢？

阿德勒认为，"共同体感觉是与生俱来的可能性，但绝对离不开后天有意识的培养"❶。在对这一观点的解读上，我的意见和主流学说不太相同。

什么是可能性。还记得很久以前你问过我什么是自我实现吗？

◎记得，当时您说"自我实现不是实体，而是一种情境"。

很多人认为可能性就像种子会发芽、长成树苗并且开花结果一样。正统派的阿德勒心理学者也都是这么认为的。

但我并不这么认为。种子里并没有芽、苗、花、果实，也就是说种子里并不包含着所谓的可能性。可能性是指在那一节点就已经在不断地完成并且不论何时都在成长。

---

❶ 共同体感觉是与生俱来的，但这种与生俱来并不是现成的，只是一种可能性而已，需要后天有意识地去培养才能最终成形。Adler, A.: Problems of Neurosis. Harper & Row, New York, 1964(original 1929).

◎什么是完成呢？

问得好，这正是重点所在。树是什么时候"完成"的？树会不断地成长直至枯萎。在树的一生中，哪个节点是它完成的瞬间呢……这种瞬间是不存在的。永远都是未完成，又无时无刻都是已完成。种子、芽、树苗、花、果实都是各自完成的，但同时又都是未完成的。你能懂得其中的道理吗？

◎我懂。

人也是同样的道理。永远都是未完成，又无时无刻都是已完成。完成并不意味着停止成长，人会一直变化直到生命的尽头，有生之年的完成同时也是未完成。

◎我作为此时此刻的我是完成的。

阿德勒说"共同体感觉是与生俱来的，但这种与生俱来并不是完成的"，我认为这是不对的。

◎阿德勒竟然错了？

阿德勒也不过是个不完全的人而已，出错也很正常。

总之，我对"共同体感觉是与生俱来的可能性"的解读是：共同体感觉是已经完成了的，我们只需要承认它的存在即可。共同体感觉是已经完成并且已经在起着作用的，只是被遗忘了。所以我们只需要再把它回忆起来就好。

共同体也是如此——明明已经完成且存在着却被我们遗忘了。所以我们要做的只是把它们再重新回忆起来就好。套用拉玛那·马哈希的话来说就是："我们只需要抛开共同体尚不存在的偏见就好。"

◆ 自己与世界并不是对立的

我强调的是：从共同体感觉的立场来看，我与世界之间是没有矛盾和对立的。在还没领悟到共同体感觉之前，确实会觉得自己和世界是对立的，但当我们领悟到共同体感觉之后，就会发现这种对立其实是自己幻想出来的。

◎我们的精神被"自己和世界是对立的"这一感觉牢牢束缚，深受折磨。

我之前说过"内心是没有冲突的，这些冲突都是幻想出来的"。同理，外界也就是宇宙，也是没有冲突的。宇宙是一个有机的统一体，是一个完全平衡的共同体。

◎希望如此。

如果宇宙没有对立，就意味着作为其中一分子的我们自身和宇宙之间也不存在对立。我之前曾说过"虽然人的内心没有矛盾，但自我和世界之间有矛盾"，那其实是假的。当时为了便于理解不得不撒了这么一个谎，其实个人与世界之间根本没有对立。觉得自己和世界对立的人不过是任性地这么认为罢了。

◆ 阿德勒心理学与超个人心理学的接触点

自己与世界之间其实是没有边界的。将自己与世界分割开来不过是人类任性的做法罢了，就像把一块羊羹分成两半，规定哪一半是羊哪一半是羹一样。

换个例子，就像站在原野上，在自己的周围画个圈，规定圈内是自己，圈外是世界一样。不论人类做出什么粗浅的行为，原野都还是一个连续完整的平面。住在原野上的动物们还是会正常生活，根本不在乎人类画的圈。

其实，从不承认自己与世界有矛盾这一点来说，我的阿德勒心理学并非阿德勒的心理学。反而与肯·威尔伯（Kenneth Earl Wilber）的超个人心理学很接近。

超个人心理学是以阿德勒为代表的人本主义心理学和东方思想折中的产物。我的阿德勒心理学已经不是典型的阿德勒心理学了。按照你喜欢的说法来说的话就是东方化了的阿德勒心理学，我觉得这也未尝不可。墨守传统阿德勒心理学的成规是没有意义的。

总之，认为皮肤以内是自己、皮肤以外是世界的划分只是人类粗浅的行为而已。其实根本就不存在什么自己，只有我们称之为共同体的这一整体而已。我们不过是这一整体的有机组成部分而已。就像我们的身体是一个有机的整体，细胞是构成这一整体的一部分一样。

就像我的胃黏膜细胞和我相安无事一样，我和世界之间也没有冲突。如果突然有一天我的胃黏膜细胞和我对着干的话，它就变成了癌细胞。同样，如果我和世界对抗的话，我也会变成世界的癌细胞。

◎包括我在内，世界上还是有很多癌细胞的。

自笛卡尔以来，西方人逐渐"癌变"了。如果我们还维持现状的话，要么就是人类终究会毁灭世界，要么就是世界对我们产生免疫力并最终将人类消灭。我们必须重新回到和世界密切交融的状态，否则终究会走向灭亡。

◎这是阿德勒心理学的结论吗？

是我在学习了阿德勒心理学的基础上，将自己的想法意识化而得出的结论。不过，在很多国际性的学会上都会就该观点发表演说，也有很多外文文献论述着这一观点[1]，所以该观点正在逐渐成为正统派的见解……

我在前面也提到过"共同体并不等同于现实社会"。相信谈话进行到这里时，你已经知道其中的含义。现实的人类社会是地球这一生命体的癌症。时至今日，这一点已经很明显了。我们必须对父辈的生活方式说"不"，必须从根本上重新审视父辈们传承至今的所有文化、传统、道德，必须挣脱印刻在我们身上的各种条件作用。否则我们自身也会成为世界的癌细胞。

---

[1] 以下两篇文献均有相关论述：

Noda, S.: Buddhismus und Individualpsychologie. Zeitschr. f. Individualpsychol., 10(4),212,1985.

Noda, S.: The Concept of Holism in Individual Psychology and Buddhism. J. Individual Psychology., 56(3),285,2000

寄语：与野田先生的相识

——中川 晶（NAKAGAWA 中之岛医院院长）

  第一次见到野田老师是在大阪大学的学习会上，已经是很多年前的事儿了。我当时刚刚结束了内科的进修，进入大阪大学精神科学习身心医学。承蒙已故西村健教授的关照，我加入了心理·行动疗法研究小组。这个小组由已故的赖藤和宽教授主导，他是我一生敬仰的人生导师。研究小组会每周举办一次学习会，可学习会的内容对于当时的我来说太难了，听得我两眼发愣，只能默默叹气。大家的交谈中夹杂着各类领域的专业术语，这给只打算学点皮毛的我造成了巨大的心理打击。这期间，不知是不是主办人赖藤老师看穿了我的不安和窘迫，讨论结束后他跟我说"没事儿的，很快就会习惯了"。这句话拯救了当时的我。我们这个小组很多人都是冲着赖藤老师来的，他一说话大家都竖起耳朵听，于是老师就讲得越发兴致勃勃。他是一位通晓所有领域知识、博闻强识的人。

  在我终于习惯了学习会后的某一天，一位身材高大、穿着夏威夷衫的人出现了，他身上还挂着念珠似的挂坠。虽然我之前没见过他，不过很多小组成员都认识他，纷纷打起招呼来。这位高个老师从容不迫地走到学习会正中的位置坐下来，问："今天的主题是什么？"我当时想说"啊，那是赖藤老师的座位……"但没敢说出来。赖藤老师坐在了这位高个老师的旁边说："哟，你来啦。"看起来很高兴。然后学习会正式开始了，但和以往的氛围完全不一样了。基本上是那位高个老师的"专场"，赖藤老师只是始终在一旁高兴地点着头。赖藤老师偶尔也会提出一些问题，这些问题从精神分析到大脑的生物化学，突然又转到佛教、道教的话题，紧接着又谈到了数学、物理学。然后那位高个老师又会开心地滔滔不绝地回答起来。在我看来这就是天上的神仙在"打架"。平时会配合对方的专业领域来温柔提问的赖藤老师，那一天毫无顾忌了起来。

在那之后的数十年里，我都未曾见过比这二位更为厉害的人。他们既是竞争对手，同时又如十分亲密的好友。赖藤先生辞世之后，这位高个老师情绪有些低落。然后对我说："既然你是赖藤君的弟子，也就相当于我的侄子了"。

想必大家已经明白，那位高个老师就是野田俊作先生。野田老师不仅身材高大，在学界的存在和影响力更是巨大。感觉平时总是高高在上、不怎么写书的野田老师，这次是动真格了。作为隐藏的阿德勒心理学爱好者，我也打算以野田老师这一系列书的出版为契机，再一次学习阿德勒心理学。

任何一项工作,并不是你一学就会做,而是有一个过程,有一个由不会到会、由会到精通的过程,在这一过程中,必须不断地进行学习。可以说,学习是职场中人一个永恒的话题,特别是你进入了一家新公司,或者你换了新的岗位,从事一项新的工作,一切都是新的,你在学校里面学的知识,或者是以前的一些经验和技能也许在这个公司不适用,也许一切都要从头再来,所以学习更加必要,而且往往是要从零开始学。作为职场中人,要时刻保持高昂的学习激情,不断地补充知识、提高技能,以适应公司发展,争取获得更多、更好的发展机会,为机遇做好准备。

那么学什么呢?作为某一项工作的新手,必须要学习以下内容。

- 从事该项工作的基础知识。
- 该项工作的业务流程及各个环节的操作步骤、技巧、方法。

职场中人要善于学习,学习的途径很多,向同事学、向网络学、向书本学,公开地请教、暗暗地观察,都可以帮助你成长。

"从零开始学"丛书就是为一些岗位新手学习提供一个绝佳的途径。目前,我们从众多管理岗位中,选择了企业热门的三个行业——采购、销售、财务进行了规划,以便使欲从事采购、销售、财务三方面工作的人士参考使用。

《从零开始学采购》内容涵盖面广,具体包括以下7大方面。